KB122323

여행자를 위한
도시 인문학

통합
창원시

마산 진해 창원

여행자를 위한
도시 인문학

김대홍 지음

가지
KINDS BOOK

여행자를 위한
도시 인문학

통합
창원시

8   서문

12   통합창원시 인문 지도

1

마산01   가장 화려했던 날들의 기억

16   마산을 낳은 곳 / 무학산

21   산과 바다의 컬래버가 만든 풍경 / 산복도로

24   바다를 끼고 달리는 유쾌한 여행길 / 해안도로

28   마산의 전성기를 추억하다 / 한일합섬과 수출자유지역

35   지역을 대표하는 전국구 수산시장 / 마산어시장

40   경부선과 같은 해에 개통했다지 / 마산임항선

45   한때 남조선 최고 해수욕장 / 마산 앞바다

51   "황금돼지섬이 있다꼬?" / 돝섬

56 물 좋고 공기 좋았던 국내 최고 결핵휴양지 / 국립마산병원

61 꽃시장 역사를 바꾸다 / 마산국화

74 마산의 명동, 추억을 소환하다 / 창동

81 지역백화점 전성시대, 서울백화점 물렀거라!

／가야백화점과 성안백화점

2

마산02　　역사와 문화의 길을 따라 걷다

88 한반도 남부 최대의 청동기 유적지 / 진동리유적

94 마산을 지킨 이름 없는 장수, 지명으로 남다

／장장군 묘와 장군동

100 역사상 가장 유명한 유학파 / 최치원과 월영대

106 낡은 집 많던 동네 이름에 얽힌 비밀 / 신마산

111 한때 청주 생산 1번지 / 술의 도시

118 4 · 19 혁명 전, 바람이 불다 / 3 · 15 의거

124 잊어선 안 되는 이름 / 김주열

126 박정희 정권의 막을 내리다 / 부마항쟁

130 만나면 씨름 얘기, 야구 얘기 / 스포츠

135 고입시험 커트라인 전국 1위, 아름다운 금메달이었을까?

／마산고와 중앙고

140 바다를 담은 그 오묘한 맛이라니… / 미더덕

145 소동파가 극찬한 궁극의 맛 / 복어

150 순식간에 나타나 천하를 평정한 미식 스타 / 마산아귀찜

155   한상 안주가 나오는 바닷가 술 문화
       / 마산통술과 오동동타령
161   마산을 사랑한 문화예술인들
       / 천상병 김춘수 이원수 그리고…

3

진해   **꽃바람 휘날리는 근대도시로의 여행**

170   '삼포로 가는 길'이 진짜 있다고요? / 진해 해안도로 여행
177   100여 년 전 진해의 옛 이름 / 웅천
183   20대 꽃청춘들을 불러 모으는 군항도시의 매력 / 군항제
189   대한민국 벚꽃 하면 바로 여기 / 진해벚꽃
194   해군 출신에게 강렬한 기억을 남긴 산 / 천자봉과 해병혼
199   로터리 세 개가 만든 도심 / 방사형 도시
213   국내 최대 태양광 발전시설과 바다공원을 만나다
       / 창원해양공원
218   예상 밖 방문, 기대 이상의 매력 / 김달진문학관과 소사마을
225   겨울 별미, "이 맛 모르고 먹지 마오"
       / 가덕대구와 용원어시장
230   어른 주먹만 한 게 꼬막? 맛은 어떨까! / 진해만 피꼬막

4

창원   우리가 만들고 싶었던 도시

236   "전봇대가 없는 도시가 다 있다니…" / 국내 1호 계획도시

241   수천 년 전에 이미 기획된 '철의 도시' / 성산패총과 야철지

246   세종 시절을 지킨 영원한 무관 / 최윤덕

253   〈고향의 봄〉 속 고향은 과연 어디일까 / 소답동과 이원수

259   잠수병에 걸리면 찾는다는 신비한 온천 / 마금산온천

264   곰이 절을 지었다는 전설이 전하는 곳 / 성주사

269   한때 100만 마리 겨울철새가 찾던 곳 / 주남저수지

274   환경도시의 상징, '누비자'를 아시나요 / 자전거특별시

279   세계 1위 농산물을 수출하다 / 창원단감

283   사진 찍는 이들이 찾아오는 출사 명소
       / 메타세쿼이아 가로수길

289   **부록_**걸어서 창원시 인문여행 추천 코스

312   **찾아보기_**키워드로 읽는 마산 · 진해 · 창원

서문

 몇 년 전 미국 루이빌이란 도시에 두 달간 머물렀다. 인구가 우리나라 전주와 비슷한 중소도시였다. 아침을 먹고 나면 매일 4~5시간씩 걸어서 도시 여기저기를 누비며 길과 집, 자동차, 사람, 나무와 꽃 등의 풍경을 차곡차곡 눈에 담았다. 새로운 동네에 가면 항상 하는 놀이로 한국에서도 늘상 하던 일이다.

 서울에 살 때도 틈 날 때마다 자전거를 타고 여기저기 누볐다. 사람만 간신히 다닐 수 있는 골목이나 오르막이 나오면 자전거를 잠시 세워두고 걸어 다녔다. 그러면 익숙한 동네에서도 새로운 풍경을 볼 때가 많았다. 아침과 저녁이 달랐고 비가 올 때와 맑을 때가 달랐다. 소음이 심할 때와 조용할 때의 풍경이 또 달랐다. 움직인다는 게 곧 여행이고 여행은 곧 살아있는 학교였다.

내가 초 · 중 · 고등학교를 나온 마산은 가장 길게 다닌 인생 학교였다. 여행이란 오감으로 받아들이는 것이기 때문에 인상 깊은 장소에 가면 그 때 느낀 향과 소리까지 기억나곤 한다. 세월이 지나면 그 감각이 다 추억이 된다. 마산엔 기억과 추억이 많다. 진해에선 군생활을 했다. 제대하면 다신 발도 딛지 않겠다고 다짐했지만 시간이 지나니 고통스런 기억은 옅어지고 대신 추억이 들어앉았다. 첫 직장생활을 했던 창원에도 추억이 많다.

어떤 일을 대할 때 가장 중요한 건 감정이라는 게 내 지론이다. 감정이 좋으냐 나쁘냐에 따라 정보나 기억이 거기에 맞춰진다고 생각한다. 내 생각엔 감정이 아예 없다면 정보나 기억도 '0'에 가까울 확률이 높다. 마산, 진해, 창원은 나에겐 감정이 아주 진한 곳이다. 덕지덕지 붙은 희로애락이 아주 징그러울 정도다. 그런 감정으로 이들 도시들을 바라보았으니 아마 다른 지역에서 온 이방인들과는 다르게 봤을 것이다.

마산, 창원, 진해는 모두 바다를 낀 도시다. 이들 도시를 관통하는 첫 번째 키워드는 '바다'다. 두 번째는 비교적 '최근 도시'라는 이미지다. 사람이 살기 시작한 때로부터 시작한다면 아주 오래겠지만 이들 세 도시는 모두 100년 이내에 지금 도시의 꼴을 갖추었다. 마산과 진해는 일제강점기 이후 크게 성장했고 창원은 1970년대에 계획도시로 만들어졌다. 세 번째는 '대한민국 남단'이라는 점이다. 서울에서 가장 먼 남해안에 있

는 도시, 남쪽이라서 따뜻하고 멀어서 야릇한 설렘을 불러일으
킨다. 마산은 일제강점기 이후 한동안 아주 유명한 휴양도시였
고, 진해는 지금도 대한민국에서 가장 유명한 벚꽃도시다.

학창시절 세 도시는 분명히 각기 다른 도시였지만 시외버
스가 아닌 시내버스를 타고 이동했고, 전화 지역번호 또한 마
산과 창원은 0551로 동일했고 진해만 0553으로 살짝 달라 한
지붕 세 가족 같은 느낌이었다. 누가 제일 잘났는지 은근한 신
경전도 벌였다. 이제는 창원이라는 이름으로 통합돼 진짜 한
지붕 아래서 마산, 진해, 창원이라는 옛 이름으로 불린다. 이런
시대 변화가 아직도 낯설고 오묘하다.

알고 보는 것과 모르고 보는 것, 호감을 갖고서 보는 것과
비호감인 상태에서 보는 것은 분명히 다르다. 마산, 진해, 창원
은 비슷한 위도 경도 상에 있지만 제각기 다른 매력을 뽐낸다.
실제 세 도시를 다녀보면 너무나 다른 매력에 놀랄 것이다. 마
산에 와서 아귀찜만 먹지 말고, 진해에 와서 벚꽃만 보지 말고,
창원에 와서 잘 뻗은 도로만 보지 말고 그밖에 숨은 매력들도
많이 즐겼으면 하는 마음이다.

이번 책을 쓰면서 지역에서 나고 자란 이들의 도움을 많이
받았다. 강봉균, 백명기, 김려진, 이윤환 네 분께 특히 감사드
린다. 나도 몰랐던 추억담에 시간 가는 줄 몰랐으나 지면 관계
상 다 담지는 못했다. 구 마산에서 줄곧 살았고 지금은 구 창원
에서 살고 계신 내 아버지, 어머니의 기억도 많은 도움이 됐다.

즐거운 추억 여행을 하게 해준 가지출판사의 박희선 대표, 박
대표를 소개해준 사진작가 조경국에게도 고마운 마음을 전한
다. 또한 모든 원고를 검토하고 대중 눈높이에 맞추라며 끊임
없이 질책해준 아내 유미에게 애썼다는 말을 전하고 싶다.

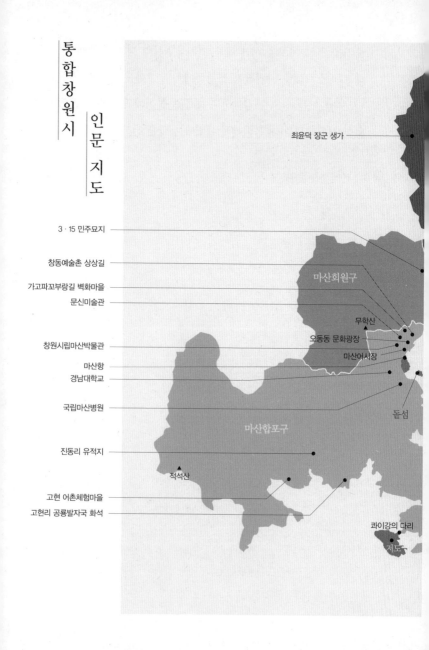

통합창원시 인문지도

최윤덕 장군 생가

3 · 15 민주묘지

창동예술촌 상상길

가고파꼬부랑길 벽화마을

문신미술관

마산회원구

무학산

오동동 문화광장

창원시립마산박물관

마산어시장

마산항

경남대학교

돝섬

국립마산병원

마산합포구

진동리 유적지

적석산

고현 어촌체험마을

고현리 공룡발자국 화석

콰이강의 다리

저도

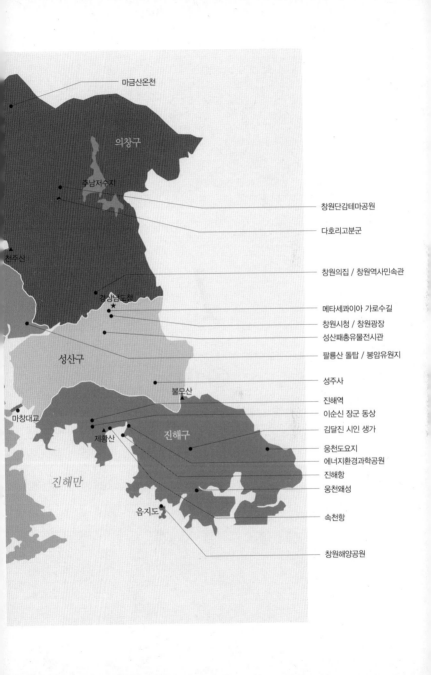

마금산온천

의창구

주남저수지

창원단감테마공원

다호리고분군

천주산

창원의집 / 창원역사민속관

경상남도청

메타세쿼이아 가로수길

창원시청 / 창원광장

성산패총유물전시관

팔룡산 돌탑 / 봉암유원지

성산구

성주사

불모산

진해역

이순신 장군 동상

마창대교

김달진 시인 생가

제황산

진해구

웅천도요지

에너지환경과학공원

진해항

웅천왜성

진해만

음지도

속천항

창원해양공원

1

마산 01

✻

가장 화려했던
날들의 기억

마산을 낳은 곳
무학산

"자, 이번 소풍은 무학산이다. 가는 곳은 지난번과 같다. 들었지?"

"어휴. 또 무학산이야?"

요즘은 어떤지 모르겠지만 1970~80년대 마산 사는 아이들에게 소풍 장소는 늘 무학산이었다. 매번 소풍 장소를 두고 설왕설래했지만 다수는 '또 무학산'이라 예측했고 그것은 거의 빗나가지 않았다. 나는 초등학교 5년(1년은 다른 지역에서 다녔다), 중학교 3년, 고등학교 3년을 마산에서 보내는 동안 매일 무학산을 보며 살았다. 등하굣길에서 고개를 돌리면 무학산이 있었고 교실 창문을 열어도 무학산이 보였다.

무학산은 마산합포구와 마산회원구에 걸쳐 있는 산으로 높이 762미터다. 마산 시내와 바다를 넓게 품고 있어 '어머니 품 같은 산'이라 했고, 그 표현처럼 심심하거나 흥겨울 때 시시때때로 산을 찾았다. 시내에 있는 웬만한 학교에선 무학산이 가까워 언제나 단골 소풍지였고, 가끔씩 장소가 바뀌기도 하지만 무학산 배꼽 부근에서 오른쪽 옆구리나 왼쪽 옆구리로 옮기는 정도였다. 마산에서 학창시절을 보낸 사람치고 무학산에 한 번 도 오르지 않고 졸업한 이는 없을 것이다.

소풍 때마다 찾는 곳이라 지긋지긋할 만도 한데 아이들에 게 무학산은 그래도 꽤나 인기 있는 놀이터였다. 산을 오르는 건 왠지 모험심을 자극하는 일이고 나무가 울창한 숲에 들어가 는 건 담력 테스트로도 좋았다. 어떤 날은 순전히 바다가 보고 싶어서 산에 오르기도 했다. 땀을 뻘뻘 흘리며 오로지 앞만 보 고 걷다가 어느 순간 홱 뒤돌았을 때 한눈에 차오르는 호수 같 은 바다 풍경이 꽤나 근사했다.

산은 천연 군것질거리도 주었다. 종종 산등성이에 심어진 마늘대를 뽑아서 씹어 먹던 초등학교 5학년 어느 날, '오늘은 뭐 할까' 심심해하던 차에 한 아이가 솔깃한 제안을 했다. "칡 캐러 안 갈래?" 마침 어머니가 시장에서 사오던 칡 맛에 꽂혀 있던 터라 친구를 따라 무작정 무학산에 올랐다. 칡이 나오는 장소도 잘 알고 대번에 알아본 걸로 봐서 친구는 아마 고수였 을 것이다. 칡뿌리가 얼마나 크던지, 한참이나 흙을 팠던 기억 이 난다.

무더위에 지친 여름날에도 누군가 귀를 잡아채는 제안을 했다. "물놀이 가자." 돈이 들지 않는 곳이라는 말에 친구 서넛 이 따라나섰다. 동네에서 얼마나 걸었을까, 차도를 따라 걷다가 물이 흐르는 오르막길을 만나 한참을 올라갔다. "여기다. 놀자." 친구 말에 주변을 둘러보니 사람이 엄청 많았다. '물 반, 사람 반'이라는 말이 딱 어울리는 광경. 그곳은 무학산 중턱의 서원곡유원지라 불리는 계곡인데 당시 아이들은 성읍골이라 불렀다. 서원곡유원지는 마산 사람들이 꽤 좋아하던 여름 휴양지였다. 학창시절을 마산에서 보내고 지금은 인천에서 살고 있는 이윤환 씨도 그곳을 기억하고 있었다.

"맞다. 옛날 거기 수영장에 간 기억이 있다. 오리고기 먹은 기억도 난다."

무학산을 타고 오르는 고개 만날재 또한 마산 출신들에겐 아주 익숙하다. 시집간 딸과 친정어머니의 그리움을 소재로 한 만날고개 전설은 마산 사람이라면 누구나 아는 이야기다. 때는 고려 말엽. 병으로 앓아누운 어머니와 세 남매가 사는 가난한 양반 집안이 있었다. 거기서 고개 너머에는 반신불수 벙어리라 아직 혼처를 찾지 못한 서른 살 노총각 외아들을 둔 천석꾼 양반 가문이 있었다. 행상 아주머니가 양가에 혼담을 넣었는데 어머니는 거절했지만 딸이 집안을 살리고 어머니 병을 낫게 할 수 있다는 생각에 혼사를 허락한다. 시집살이는 고됐고 손자를 낳지 못한다고 구박도 심했다. 2년 동안 친정나들이도 할 수 없었다. 3년째 되던 날 친정나들이를 간청하는 며느리의 부탁을 시부모는 거절하지만 남편이 데리고 나선다. 고개에서 기다릴 테니 다녀오라고 말한 남편. 친정에 가보니 가세가 호전되어 있었다. 돌아가지 않겠다고 떼를 쓰는 딸을 친정어머니가 호통을 쳐서 돌려보내지만 기다리던 남편은 이미 '집을 도망쳐 잘 살라'는 유언을 남기고 자살한 상태였다. 스무 살에 과부가 된 딸은 남편도 없는 시댁에서 더부살이를 하며 어느 날 친정 안부라도 묻고 싶어 고개에 다시 올랐다가 같은 생각으로 고개에 오른 어머니와 반가운 상봉을 한다. 이 소식을 들은 후세 사람들이 이 고개를 '만날고개'라 이름 붙였고, 마산에선 1987년부터 이 고개에서 민속축제를 열고 있다.

옛 《경상도지리지》와 《신증동국여지승람》에는 무학산이 두척산이라 표기되어 있다. 신라시대에 최치원이 무학산으로 이름을 바꿨다는 설도 있고 일제강점기에 바뀌었다는 말도 있다. 일제 때 바뀌었을 가능성에 거부감이 생기기도 하지만 '학이 춤추는 것 같다'는 이름 뜻이 아름답고 너무 익숙해진 터라 다시 바꾸기는 어려워 보인다.

무학산의 옛 이름 두척산은 고려 성종 때 설치되었던 조창, 석두창과 관계가 있다. '두척'은 쌀을 재는 단위인 말(한 말, 두 말 할 때의)의 한자어 두(斗)와 척(尺)에서 나왔다. 이를 옮겨 쓰는 과정에서 소리가 같은 '말(馬)'로 표기하게 되었다는 게 마산((馬山) 지명의 유래다. 무학산엔 지금도 두척마을, 마재고개가 있어 그 유래를 뒷받침한다. 더 오래 전엔 용마산(龍馬山. 마산합포구 산호동에 있는 산)을 오산(午山)이라 부르다가 마산(馬山)으로 고쳐 불렀다는 설이 앞섰는데 요즘은 두척산에서 비롯되었다는 설에 더 힘이 실리는 모양새다.

어쨌든 마산에서의 많은 기억은 무학산으로부터 시작한다. 마산 사람들 누구나 귀에 맴돌기 마련인 '마산의 노래' 또한 무학산으로 시작한다.

무학산 뻗어 내린 푸른 맥박이 남해의 문을 열어 꽃피운 고장
그 아래 새 희망을 누려온 우리, 보아라 ○○만 단란한 가족
음 음 음 산 좋고 물 좋아 인심이 후한 곳
살기 좋아 이 고장 마산이란다

동그라미 속의 인구 숫자만 시기에 따라 조금씩 달라졌다.

21

산과 바다의 컬래버가 만든 풍경
산복도로

　　　　　　　마산에서 학교를 다니는 동안 등하굣
길을 항상 걸어 다녔다. 초등학교까지는 걸어서 채 10분이 걸
리지 않았는데 중학교에 입학한 첫날 20분이 조금 넘게 걸렸
다. 바다에서 산 쪽으로 비스듬히 올라가는 오르막 코스였다.
딱히 재미랄 것 없는 등굣길에 졸업할 때까지 등교시간을 단축
시켜 보겠노라는 목표를 세웠다. 뛰지 않고 오로지 걸어서 시
간을 재는 것을 나름의 규칙으로 삼았다. 그 때부터 지루하고
가기 싫던 등굣길이 일종의 놀이가 되었다. 빠른 걸음으로 사
람들을 앞지를 때는 마치 자동차 운전자가 된 것처럼 마음속으
로 좌회전 깜박이, 우회전 깜박이를 넣었다.

　　요령이 생겨 더 빠른 지름길을 찾아냈고 다리 힘도 조금씩
강해졌다. 3년을 매일같이 다닌 결과 졸업할 무렵엔 등교 시간
을 15분 이내로 단축했다. 아마 누군가 내 모습을 봤다면 경보
하듯 주행하는 자세가 이상하다고 생각했을 테지만 그런 여유

를 가진 학생이 있었을까 모르겠다.

고등학교 때는 아예 집에서 수직으로 산을 타다시피 하는 코스였다. 이때도 마음으로 시간단축 게임을 했다. 잠깐 평지를 걸을 땐 다리 예열을 하는 시간이고, 곧이어 가파른 산길에서는 힘 조절을 잘해야 했다. 경사가 아주 가팔라 초반부터 힘을 쓰면 금세 지쳤고 자칫 잘못하면 다리에 쥐가 날 수도 있었다. 평지보다 보폭을 짧게 두면서 회전수를 높이는 주법을 구사했다. 수직 구간을 지나면 방향을 한 번 튼 다음 오르막 차도가 나오는데, 마산에선 이를 산복도로라 불렀다. 나는 부산에서 살다가 마산으로 왔기 때문에 이 용어가 아주 익숙했는데, 나이를 더 먹고서 경남 출신 지인들과 술자리를 하다가 산복도로 이야기를 꺼냈을 때 그 단어를 아는 사람이 한 명도 없다는 사실에 놀랐다. 통영, 사천, 진주, 울산, 함안 등 타 지역 출신 사람들은 그 말을 처음 듣는다는 반응이었다.

산복도로(山腹道路)란 말 그대로 산의 배 부분, 즉 산 중턱을 지나는 도로다. 산과 터널의 도시, 부산에선 꽤 많은 도로가 산 중턱을 지난다. 마산도 마찬가지다. 무학산과 바다 사이에 형성된 도시인 마산 또한 산 중턱 도로가 발달했다. 이게 마산의 중요한 지형적 특징이라는 것을 한참 뒤에 알았다.

마산에서 가장 유명한 산복도로는 고운로다. 평지를 달려온 버스가 갑자기 90도로 방향을 꺾은 뒤 산 쪽으로 달리기 시작하면 외지 사람들은 아주 신기해한다. 이 버스는 학교 밀집

구간을 지나는데 마산중, 현동초, 마산고, 완월초, 성지여중, 성지여고, 마산여고, 마산중앙고, 마산제일여고 앞에 모두 서거나 스친다. 그래서 등하굣길에 산복도로를 달리는 버스를 타면 각종 교복과 배지를 단 학생들이 뒤엉켜 마치 학생복 패션쇼를 보는 듯했다.

1992년에 또 다른 산복도로인 무학로가 생기지만 내가 학교를 다닐 동안은 고운로가 유일했다. 그래서 고운로라 하지 않고 다들 그냥 산복도로라 불렀다. 경사가 가파르고 굴곡이 심해 불편했지만 산복도로에서 바라보는 경치는 아주 시원했다. 가끔씩 마음이 답답할 때 무조건 산복도로에 올라 도로 적당한 곳에 멈춰 서서 바다를 바라보면, 그 풍경이 그렇게 좋았다. 마산중앙고를 졸업한 강봉균 씨는 그 풍경을 생생히 기억하고 있었다.

"고3 시절 오후 4시가 되면 교실 창밖을 바라봤다. 그 전엔 파란 색깔이던 바다가 4시가 되면 검붉은 색으로 변했다. 그 시간 거제 쪽에서 여객선이 들어오면 흰 선이 생기면서 물길이 갈라진다. 오후 4시는 굉장히 감성적인 시간이었다."

산복도로를 따라 등하교를 하고 고개만 돌리면 바다가 보이는 곳에서 학창시절을 보냈으니, 마산 사람들의 감수성은 어쩌면 산복도로에서 나왔는지도 모르겠다.

바다를 끼고 달리는 유쾌한 여행길

해안도로

산복도로만 있는 것이 아니다. 마산의 길은 산복도로와 함께 해안도로로 이루어진다.

약 10년쯤 된 일이다. 자전거를 타고 부산에서 진해, 창원, 마산을 지나 고성, 통영, 남해까지 간 적이 있다. 그때 마산 시내를 빠져나가 쭉 해안도로만 타고 달렸다. 해안도로가 생각보다 복잡하고 길어서 놀랐고 상상보다 훨씬 아름다워서 놀랐다.

눈으로 담는 것으론 모자라 수시로 자전거를 세우고 사진을 찍었다. 마산 바다가 공장폐수로 다 망가졌다고들 했지만 그건 앞바다 이야기고 '옆'바다는 여전히 생생한 생명력을 뿜어내는 중이었다. 마산 시내를 벗어나 구산면을 통과해 경남 고성군 동해면으로 이어지는 해안도로는 망가지지 않은 마산 바다의 매력을 맛볼 수 있는 곳이다. 오랫동안 마산에 살며 마산을 잘 안다고 생각했지만 시내만 알았을 뿐 외곽 지역에 대해서는 까막눈이었다.

요즘 마산에서 가장 핫한 포토존인 저도연육교는 정작 마산에 살 때는 잘 몰랐던 곳이다. 마산 외곽의 구산면과 저도를 잇는 다리로, 1957년 개봉한 동명 영화와 분위기가 비슷해 별명이 '콰이강의 다리'다. 요즘은 저도연육교란 이름보다 콰이강의 다리가 더 익숙하게 들릴 정도다. 빨간색 철제 다리가 꽤 오래된 느낌을 주지만 실제로 만들어진 건 1987년이고, 이 다리가 사람들 입에 오르내리기 시작한 것도 박신양, 이미연 주연의 영화 〈인디안썸머〉(2001년)에 배경으로 등장한 뒤이니 그리 오래되지는 않았다.

저도연육교에 닿기 전 반동초등학교가 나오는데 이 학교는 바다 쪽으로 불쑥 튀어나가 있다. 바다 위에 세웠다 해도 믿을

저도연육교

모양새다. 학교 운동장에서 공을 세게 차면 바다에 떨어질 정도로 가까운데 학교와 바다가 어우러진 풍경이 볼 만하다.

구산면에서 고성군 방향으로 해안도로를 더 달리면 바다에 접한 또 다른 학교를 만나는데 구산초등학교서분교다. 여기서 그리 멀지 않은 곳에 해양 드라마 세트장이 있다. 〈조선명탐정 3: 흡혈괴마의 비밀〉 등 꽤 많은 드라마와 영화 촬영지로 쓰였다. 입구는 좁지만 세트장 안에 들어가면 생각보다 건물이 많고 부지도 넓다. 과거 흥청거렸을 마산 저잣거리의 느낌을 맛볼 수 있으며 잔잔한 바다를 바라보는 기분도 괜찮다.

다시 고성 방향으로 달리면 마산 유일의 해수욕장인 광암 해수욕장이 나온다. 이 주변이 유명한 미더덕 산지로 길 이름도 미더덕로다. 이 동네에 또 다른 명소가 숨어 있으니 바로 고현리 공룡발자국 화석지다. 공룡 발자국 400개 정도를 관찰할 수 있는데 다른 지역과 달리 수직 단면에서 발자국 화석을 볼 수 있다는 것이 특징이다.

해안도로를 더 달리다 보면 마산 진전면과 고성군 동해면을 잇는 동진대교가 나온다. 건설교통부가 뽑은 '한국의 아름다운 길' 100곳 중 하나다. 이 모든 곳들과 기록할 수 없는 많은 풍경을 눈과 사진기에 담느라 자전거를 얼마나 많이 멈췄는지 모른다. 남겨질 풍경이 아쉬워 쉽사리 페달을 밟지 못하고 해 지기 전에 더 봐야 할 풍경 때문에 허겁지겁 다시 페달을 밟았던 감정들이 기억난다.

    그 날 해가 지기 전에 고성 시내에 들어가야 했으나 그러질
못했다. 가로등도 없는 변두리길을 오로지 희미한 달빛에 의지
해 달릴 때는 마음이 조마조마했다. 마산 해안도로 구경에 심
취한 이 자전거 라이더 덕분에(?) 그날 고성에서 함께 저녁을
먹기로 한 지인은 족히 2시간은 기다려야 했다.

해안도로 여행을
함께 한 자전거

마산의 전성기를 추억하다

한일합섬과 수출자유지역

이제 나의 마산 시절로 깊숙이 들어가
보자. 그것은 마산이 최고 전성기를 구가하던 시절의 기억이기
도 하다.

1980년 초, 아침 일찍 집 앞에 작은 트럭 한 대가 섰다. 집
에 있는 가구를 하나씩 내어 실었다. 이불도 옷도 부엌에 있던
그릇과 수저도 몽땅 실었다. 동네 딱지를 싹쓸이하던 나는 바
로 전날, 갖고 있던 딱지를 모두 한 친구에게 기증했다. 복잡하
게 얽힌 골목과 도랑, 터널이 익숙했던 초등학생 아이는 그렇
게 부산을 떠났다.

1톤 트럭이 멈춘 곳은 경남 마산. 부산에 비하면 동네가 어
딘지 작고 볼품없어 보였다. 1968년 17만을 넘긴 마산시는 이
해 이미 전국 10대 도시에 들어섰다. 1979년 말 마산시가 집계
한 주민등록상 인구는 36만6170명, 경제기획원이 집계한 상주
인구는 52만3439명으로 울산을 제치고 전국에서 일곱 번째로

인구가 많은 도시가 됐다. 하지만 당시 288만 명을 자랑하던 부산에 비하면 한참 작은 도시였다. 익숙한 동네, 매일같이 어울리던 친구들, 용돈이 생기면 달려가던 단골가게를 떠나게 만든 이사가 원망스럽고 새롭게 맞이한 도시에 거부감도 있었을 것이다.

그러나 아버지의 선택은 나쁘지 않았다. 당시 마산은 무섭게 성장하는 도시였다. 1967년 1월 25일 마산에서 한일합섬 준공식이 열렸다. 그 시절 한국은 섬유로 먹고 사는 나라였고 그 중심 기업이 한일합섬이었다. 마산 한일합섬 공장은 아시아 최대 규모였다. 같은 해 6월 10일 한국철강도 마산 공장 준공식을 했다. 역시 국내에서 손꼽히는 대기업이었다. 1970년엔 마산수출자유지역 기공식이 열렸다. 대한민국 제1호 수출자유지역으로, 당시 계획 부지는 여의도* 본섬의 절반이 넘는 1.65제곱킬로미터였다. 1974년엔 마산-서울 간 특급열차가 개통되었고, 1976년 한일합섬은 모기업인 경남모직을 부산에서 마산으로 옮기겠다고 발표했다. 1979년엔 대구-마산 간 고속도로 기공식이 열렸다. '100만 도시 조성'이라는 청사진이 나올 정도였다. 돈과 사람들이 마산으로 흘러들었고 도시는 자신감이 넘쳤다. 그 중심에 한일합섬과 수출자유지역이 있었다.

1970년대 마산시 일반기업(자유수출지역 제외) 수출의 90퍼

행정구역상 여의도 면적을 재는 방법은 여러 가지가 있는데 다른 지역과의 면적 비교를 할 때는 보통 여의도 본섬 크기인 2.9제곱킬로미터를 기준으로 쓴다.

센트 이상이 한일합섬 한 곳에서 나왔다. 마산이 곧 한일합섬
인 시절이었다. 1960년대 후반 마산에서 군생활을 하신 아버지
는 한일합섬 근처 정수장 관리를 맡아 당시의 공장 풍경에 대
한 기억이 뚜렷했다.

"한일합섬? 엄청 컸지. 직원도 많았다. 그 당시 직원들은 다 걸어서
다녔다. 간부들은 자전거나 오토바이 타고 다녔고 자가용 탄 사람
은 없었다. 직원들은 출퇴근 때는 사복을 입고 다녔다. 섬유가 잘
될 때니까 한일합섬 다닌다고 하면 아주 좋은 직장 다닌다 생각했
다. 출퇴근할 때 직원들이 경비원에게 인사하고 경비들이 따라서
인사하던 풍경이 생생하다."

1970년대 중반 한일합섬의 종업원 숫자는 1만5000여 명.
1976년 수출 4억 달러를 달성하며 무역 선봉장 역할을 톡톡히
했다. 1973년엔 여자배구단을 창단해 강팀으로 자리 잡는다.
하지만 준우승만 네 번 하고 우승은 한 번도 못해 진한 아쉬움
을 남겼다. 1986년엔 국제상사를 인수해 재계 순위 15위로 올
라간다. 1990년 새로운 프로야구단 창단을 논의할 때도 유력한
후보기업 중 한 곳이었다. 하지만 이미 이 무렵부터 한일합섬
은 추락하고 있었다.

한일합섬과 수출자유지역이라는 두 날개를 단 마산은 이카
루스처럼 너무 가파르게 솟아올랐다. 신의 저주였을까, 예정된

실패였을까. 1990년대 후반 한일합섬이 쓰러진다. 마산 시내엔 봉급을 받지 못한 종업원들이 공장에 쌓인 양복바지 등을 들고 나와 노점을 차린 풍경이 흔했다. 말도 안 되는 가격에 팔았지만 그들은 한 푼이라도 아쉬운 처지였다. 1990년을 전후로 50만을 넘기기도 했던 마산 인구가 95년 도농통합 직전에 35만 명으로 떨어진 데서 대기업의 몰락이 끼친 충격파를 여실히 느낄 수 있다.

한일합섬이 사라지고 빈 공장만 남았다. 도시 한가운데에 있기엔 너무 큰 규모여서 누가 선뜻 감당하기도 부담스러웠다. 대안은 아파트 건설. 공장을 철거한 자리에 아파트단지를 세웠다. 마산에서 초중고를 나온 이윤환 씨는 대학에 입학하기 전 한일합섬을 봤지만 대학 졸업 후 몇 해가 흐른 뒤에는 감쪽같

한일합섬 옛터 표지석

이 사라졌다고 말한다. 그 자리엔 한일합섬을 상징하는 어떤 건물도 남지 않은 채 표지석 하나만 달랑 남았다.

　1970년 마산수출자유지역 기공식에는 박정희 대통령이 참석해 축사를 했다. 당시 수출은 대한민국 성장의 심장이었다. 한 국가 내에서 교역, 생산, 투자 등에 관한 비관세 등 예외조치를 허용한 수출자유지역은 마산이 처음이었다. 새로운 실험이고 기대감이 컸다. 단일기업으로 가장 상징성이 큰 건 한일합섬이었지만 고용효과 면에서는 수출자유지역이 앞섰다. 1987년 고용인구가 가장 많았을 때는 3만5000명. 마산 지역 일반 기업들의 수출액보다 마산수출자유지역은 대략 세 배를 더 수출했다.

　외국인 투자를 적극 장려하기 위해 각종 혜택을 주어 문호도 활짝 열었는데 그 문을 두드린 건 대부분 일본 기업들이었다. 그래서였을까. 초등학교 시절 이상하게 우리 학교엔 일본 전자제품이 흔했다. 당시 아이들이 들고 다니던 휴대용 라디오도 국산품보다 소니, 아이와 같은 일제가 더 많았다. 물론 대부분은 휴대용 라디오를 살 형편이 안 되었지만 형편이 되는 경우 국산 대신 일제를 샀다. 모양이 더 깔끔하고 값도 더 비싼 소니를 좋아하는 파가 있고, 그보다 싸면서 기능은 더 많고 둔탁한 디자인을 선호하는 아이들은 아이와에 줄을 섰다. 파나소닉, 산요, 나쇼날 같은 상표도 종종 보였다.

　그러나 아무래도 일본은 애증의 대상이다. 수출자유지역에

서 흘러나온 폐수 때문에 마산 앞바다가 썩어 들어가자 시민
들의 불만이 이어졌다. 수출자유지역이 일본 기업들 배만 불려
준다는 비판이 나왔다. 곱지 않은 시선 속에서 '한국 여공 순결
강탈 집단항의'와 같은 사건도 터졌다.

오카바야시 씨 등 두 일본인은 지난 8월 17일부터 19일까지 신양
과 손양을 데리고 경주 불국사 등지로 2박3일의 동반여행을 하고
돌아왔다. 이 같은 사실이 회사 안에 널리 퍼지자 8월 31일 회사 여
종업원 200여 명은 "한국여공들의 순결을 짓밟은 일본인을 조치하
라"고 데모를 벌이는 한편 노동청 근로감독관실에 연명으로 진정
서를 냈다. (동아일보 1974. 9. 5)

마산에서 일자리가 가장 많은 곳이다 보니 아는 사람 중 한
다리만 건너면 수출자유지역에서 일하는 사람이 있었다. 중고
생들은 "우리 누나가 이번에 수출자유지역에 입사했다" "명절
보너스를 받은 사촌형이 선물을 사갖고 왔다"는 등의 이야기
를 나누곤 했다. 낭만을 꿈꾸던 시절에 연애 이야기도 빼놓을
수 없다. 지금은 창원에서 교사로 근무하는 백명기 씨의 기억
이다.

"고등학교 1,2학년 때였다. 친구 누나가 수출자유지역에서 일했는
데 누나와 같은 직장에서 일하는 여공들이랑 단체미팅을 했다. 우

리 또래였다. 봉암다리 근처 잔디가 깔린 곳에서 놀았다. 박남정과 김완선 얘기를 했다. 아무래도 연예인에 관심이 많을 때였다. 나랑 짝이 된 애는 이소룡 얘기를 했는데 계속 그 이야기만 하더라. 나를 싫어한다는 생각이 들었고 특이한 스타일을 원한다고 생각했다. 그 시절 미팅한 유일한 추억이고 이젠 아련한 기억이다."

마산에 이어 1973년에는 익산에, 2000년에는 군산에도 수출자유지역이 생겼다. 지금은 자유무역지역으로 이름을 바꿔 경남(마산, 울산), 전남(대불, 율촌), 전북(군산, 김제), 강원(동해)에 7곳이 있다. 마산의 자존심을 세워주던 대기업 한일합섬은 신기루처럼 사라졌지만 수출자유지역은 다른 이름으로 지속되고 있다. 한 곳은 기억이고 한 곳은 현재. 기억과 현재의 기둥 위에 오늘의 마산이 서 있다. 이카루스의 비상과 추락, 그 끝에 마산은 이제 통합창원시*의 한 구로 남았다.

2010년 7월 기존의 마산시, 진해시, 창원시가 통합해 통합창원시가 출범했다. 2009년 8월 행정안전부가 '행정구역 통합 로드맵'을 발표한 이후 전국 18곳 48개 시·군이 통합 움직임을 보였으나 결국 통합창원시가 첫 번째 통합지자체가 되었다. 마산, 진해, 창원을 통합하자는 논의는 1980년대부터 있었으나 반응은 미미했다. 2008년 황철곤 마산시장이 침체된 마산을 일으키기 위해 지역통합안을 들고 나왔고, 2009년 5월 창원시가 통합찬성안을 발표하면서 통합 논의가 처음으로 달궈졌다. 진해는 통합에 부정적이었고 인근 함안군도 통합시 참여를 저울질했으나 결국 마산, 진해, 창원이 통합하는 것으로 결론이 났다. 통합 당시 인구는 108만여 명으로 수원(106만여 명)을 제치고 전국 기초지자체 중 최대를 기록했다.

지역을 대표하는 전국구 수산시장
마산어시장

어린 시절 어머니와 함께하는 시장 나들이는 항상 기다려지는 시간이었다. 다양한 물건 구경이 재밌고 시장 특유의 흥청거리는 느낌도 좋았다. 어머니와 상인이 물건 값을 놓고 흥정하는 모습은 마치 무림 고수들의 대결을 보는 듯했다. 어머니는 일상생활에서 움직임이 크지 않고 말수가 많은 편은 아니지만 상황에 대한 이해가 빠르고 꼭 필요한 말은 포기하지 않았다.

시장에 가면 어머니는 먼저 몇 군데 점포를 돌며 가격 비교와 함께 물건들을 탐색했다. 마음에 드는 물건이 나타나도 먼저 패를 까지 않았다. 가격을 물어본 뒤 무심코 물건을 집었다 내려놓고서 한 발짝 옮기며 한마디를 내뱉는다. "○○원에 하면 되겠네." 그러면 상인들은 보통 "아이구마, 그리 팔면 손해다. 손해 보곤 못 팔제." 한다. 그렇게 말을 맺는 상인이 있는가 하면 뭐라 재협상 카드를 내미는 상인도 있다. "알았다 마. 손해 보고 팔지 뭐."

어머니는 항상 원하는 물건 개수가 있었고 작은 수부터 몇 개를 더하면서 재차 값을 깎았다. 그 풍경을 바라볼 때면 어린 나는 조마조마했다. 혹시 상인이 버럭 화를 내지나 않을까 싶어서다. 놀라운 것은 어머니와 함께 장을 보는 동안 진짜로 화를 내는 상인은 한 번도 보지 못했고 어머니가 물건 값을 깎지 않는 경우도 한 번도 보지 못했다는 사실이다. 내 눈에는 어머니의 일방적인 승리로 보였지만 어머니는 부인했다. "누가 손해 보는 게 어딨노. 적당한 선에서 맞추는 거지."

어쩌면 이런 게임을 보기 위해 어머니 손을 잡고 재래시장을 쫄래쫄래 따라다니는 맛을 붙였는지도 모르겠다. 보통은 걸어서 10분 정도 거리에 있는 동네 시장을 이용했다. 집에서 오른쪽, 왼쪽으로 두어 군데가 있었는데 규모와 파는 물건은 비슷했다. 그러다 어느 날, 대략 명절을 앞두고서 어머니는 버스를 타고 시장에 갔다. 목적지는 그야말로 대혼란이었다. 길에 버스가 뒤엉키고 차도 쪽에도 노점이 잔뜩 깔려 있었다. 길에서 상인을 불러 잔돈을 바꾸는 택시기사, 양손 가득히 짐을 들고 버스에 오르는 아주머니, 그 사이를 곡예하듯 누비는 오토바이까지, 마산어시장을 처음 본 소감은 그저 '정신이 없었다'고 해야겠다.

마산어시장은 동네 시장에 비할 수 없이 물고기가 많았다. 어머니는 "크고 싱싱한 물고기를 사려면 여길 와야 한다"고 했다. 점포의 큰 어항들마다 물고기들이 금방이라도 뛰쳐나올 듯 퍼덕거렸고 그 모습이 무서우면서도 스릴 넘쳤다. 항구엔 배가 가득하고 사람들이 쉴 새 없이 박스를 실어 날랐다. 박스마다 각종 해산물이 담겨 있었을 것이다. 바로 옆에는 마산에서 가장 큰 청과시장(2002년에 시 외곽 중리 750번지로 이전)도 있어 제 사상에 올릴 좋은 과일을 살 수 있었다.

어느 순간부터 꼭 명절이 아니라도 어머니는 가끔씩 어시장에 다녀왔고 그럴 때면 식탁엔 푸짐한 해산물 음식이 차려졌다.

"이번에는 수산물 점포가 많은 시장을 볼까요? 역시 바다와 접한 지역에 몰려 있는데요. 인천, 경남, 부산 등에서 수산물 점포가 많은 시장을 찾아볼 수 있습니다. 인천의 인천종합어시장, 경남의 마산어시장, 부산의 부평시장 순으로 수산물 점포가 많았습니다."

2015년 9월 24일, KBS 뉴스에서 흘러나온 멘트다. 마산에 살면서 어시장을 다닐 때는 그곳이 규모 면에서 전국구 급이라는 사실을 몰랐다. 다른 지역에도 이보다 큰 시장이 많을 거고, 특히 바다를 낀 도시라면 대부분 이 정도 시장은 있을 거고 여겼다.

내가 자라 서울에서 혼자 살 때 어머니를 모시고 노량진시장에 간 적이 있다. "어때요. 크죠?" "응, 크긴 크네." 서울에서

가장 큰 수산물 시장을 본 어머니의 반응은 예상 외로 시큰둥
했다. 마산어시장에 눈높이가 맞춰진 어머니는 노량진시장 정
도에 큰 감흥을 느끼지 못했다. 생선 크기나 다양성, 점포 수
등에서 마산어시장은 노량진시장에 결코 뒤지지 않았다. 생선
가격은 오히려 노량진이 더 비쌌을 테니 어머니로선 매력을 느
낄 턱이 없었다.

나중에 어머니에게 그때의 소감을 다시 물었다.

"아무래도 마산어시장이 더 신선하다는 느낌이 들지. 어시장은 시
골 분위기가 나니 그것도 더 좋고. 물건 파는 분들도 좀 더 정스럽
고."

어머니는 '도꼬이'(단골)라는 말을 종종 쓴다. 시장에 갈 때
쓰는 말이다. 어시장엔 어머니의 도꼬이가 몇 곳 있다. 지난 명
절 오랜만에 어시장에 동행했을 때 어머니는 속전속결로 시장
을 순례했다. "지난 번 맡긴 것 있지예." "문어 큰 게 지금 있습
니꺼." 대략 이렇게 간단히 용건을 말하면 어머니의 도꼬이들
은 맡아둔 물건을 내놓거나 '있다' '없다'로 빨리 답했다. 용건
이 끝나면 바로 다음 가게로 이동. 너덧 군데를 돌아도 시간이
얼마 걸리지 않았다. 이렇게 몸에 익은 시장 보는 재미를 노량
진에서 느낄 수는 없었을 것이다.

요즘 인기 있는 인터넷 수산시장 사이트에 들어가보면 마

산어시장은 서울 노량진수산시장, 부산 자갈치시장, 인천 연안 부두어시장, 소래포구어시장과 함께 전국 대표 시장으로 소개 되어 있다. 마산어시장을 낀 마산수협 공판장은 1990년대 하루 거래량이 전국 1~2위를 다투었다. 2000년대 들어 위세가 한 풀 꺾였지만 지금도 상인 종사자가 3000명 가까이 되는 초대 형 시장이다.

시장 규모에 가려져 있긴 하지만 마산어시장의 역사성 또 한 주목할 만하다. 1808년(순조 8년) 왕명으로 나라 재정을 파 악하기 위해 만든 책《만기요람》에는 전국 15대 장시가 실려 있다. 각 도별로 1~4곳이 실렸는데 경상도에선 마산포장이 유 일했다. 어항과 수산시장으로서 마산어시장이 꽤 오랜 역사적 가치를 지녔음을 짐작할 수 있는 대목이다.

마산 지역 내 대기업들이 하나둘 문을 닫거나 떠나고 있음 에도 어시장은 여전히 그 자리에서 사람들을 불러 모으고 있 다. 그래서 어시장을 마산의 마지막 자존심이라고 부른다. 어 머니도 "어시장 없으면 마산은 진즉에 죽었다"고 일갈했다. 과 장 섞인 표현이겠지만 어시장이 마산의 자존심이라는 점을 부 인할 마산 사람은 아마 드물 것이다.

경부선과 같은 해 개통했다지
마산임항선

어린 시절 유난히 기차 소리를 좋아했
다. 저 멀리서 기적 소리가 들리면 고개를 들어 기차를 기다리
다 꽁무니가 사라질 때까지 바라보곤 했다. 기차에 앉아 창밖
으로 지나는 느릿한 풍경을 보는 것도 좋아했고, 기차가 선로
이음매 위를 지날 때 나는 규칙적인 덜컹 소리를 몸으로 느끼
는 기분도 좋았다. 가끔 군것질거리를 잔뜩 담은 수레가 옆을
지나칠 때면 '오늘은 뭘 먹을까' 즐거운 고민에 빠졌지만 항상
고르는 건 김밥이었다. 나는 기차 안에서 파는 김밥이 그렇게
맛있을 수 없었다.

기차를 특히 좋아한 게 어릴 때 즐겨보던 만화영화 〈은하
철도 999〉 때문이었는지, 다른 이유가 더 있었는지는 알 수 없
다. 놀라운 건 기차를 그렇게 좋아하면서도 마산에서 기차를
탄 적은 거의 없었다는 점이다. 내가 어릴 때는 이미 주된 교통
수단이 기차에서 자동차로 옮아간 상태였고, 특히 마산에서 부

산이나 서울, 광주나 대구에 갈 때는 기차보다 버스가 훨씬 편리했다. 차편도 더 많고 시간도 덜 걸렸다. 종종 기차를 타기 시작한 건 오히려 마산을 떠나온 뒤였다.

내게 마산발 기차는 인기가 없었지만 대한민국 기차 역사에서 마산을 빼놓을 수 없다. 마산발 기차는 1905년 경부선(경성역-부산 초량역)이 놓일 때 함께 뚫렸다. 서울발 경의선(서울역-도라산역), 용산선(용산역-가좌역)을 비롯해 경전선(밀양 삼랑진역-광주 송정역), 진주선(밀양 삼랑진역-진주역), 마산선(마산역-밀양 삼랑진역), 마산항제1부두선(마산역-마산항역)이 당시 포함되었다. 조선에서 기차가 가장 중요한 교통수단이던 시절이었으니 거점 도시로서 마산의 중요성을 보여준다 하겠다.

그럴 만도 했다. 마산은 영호남의 물자가 두루 모이는 곳이었고, 게다가 한국과 일본을 잇는 국제항으로서 부산항과 함께 마산항이 각광을 받고 있었다. 마산항에 내린 화물을 서둘러 서울로 실어 나르려면 철도가 마산항까지 이어지는 게 너무도 당연했다.

마산항제1부두선 또는 마산임항선(馬山臨港線)은 이토록 중요한 노선이었지만 내가 태어날 무렵엔 이미 중요도가 상당히 떨어져 있었다. 세상은 어느덧 고속도로 시대로 접어들어 항구에 내린 화물을 기차보다 트럭으로 옮기는 게 더 편리했다. 초중교 시절 가끔씩 바다를 구경하러 갈 때 도심을 느리게 가로지르는 기차를 본 적이 있는데 그 풍경은 마치 TV 속의 〈은하

철도 999〉만큼이나 낯설고 생소했다. 저렇게 느린 기차가 과연 무슨 쓸모나 있을까 싶었다. 열차에 실린 화물이 죄다 석탄인 점도 황당했다. 이미 석유, 도시가스, 전기를 보편적으로 쓰던 세상에 도심을 통과하며 석탄을 실어 나르는 기차는 현실에 나타난 TV 사극과 같은 느낌을 주기에 충분했다.

어린 시절을 마산임항선 철길 근처에서 보낸 강봉균 씨의 기억은 더 풍부하다. 당시 아이들이 즐겨하던 놀이 가운데 '병뚜껑 딱지' 놀이가 있다. 이 놀이를 위해선 일단 병뚜껑을 딱지처럼 최대한 평평하게 펴야 한다. 보통은 망치로 일일이 폈는데 강 씨는 달랐다.

"아이들과 함께 수북이 모은 병뚜껑을 안고서 철길로 갔다. 철길 위에 병뚜껑을 놓으면 기차가 지나가면서 한방에 병뚜껑이 펴진다. 그 때 마산에는 부산으로 가는 기차와 마산항 쪽으로 가는 기차가 있었다. 부산 가는 기차는 너무 빨라서 병뚜껑이 튕겨 나갔고 마산항으로 가는 기차는 항상 석탄을 싣고 서행했기 때문에 그 철로 위에 병뚜껑을 놓으면 튕기지 않고 아주 잘 펴졌다. '또르르르' 소리를 내며 펴지던 병뚜껑이 지금도 생생하다."

1970년대 이후 마산 인구가 늘고 도시가 커지면서 임항선 근처에도 민가가 많이 들어섰다. 총 길이 8.6킬로미터밖에 안 되는 구간에 건널목이 무려 9개나 생겼다. 일거리도 없는 열차가 띄엄띄엄 운행하자 근처에 있던 시장 하나는 아예 선로를 점거해버렸다. 결국 마산시는 무용한 철도 노선을 없애고 그 자리에 공원을 만들기로 결정한다. 2009년 '철길 40리 숲길'을 조성하는 일명 그린웨이 사업이 발표되고, 임항선은 2012년 1월 26일 폐선되어 역사 속으로 사라진다.

이후 마산합포구 월포동에서 마산회원구 석전동까지 대략 5킬로미터 구간에 철길공원, 임항선 그린웨이가 생긴다. 과거 화물 기차가 다니던 철로에 불과하지만 폐선된 임항선 철길을 걷다보면 마산의 역사를 뜻밖에도 한눈에 담게 된다. 월포동 근처에서 만나는 태풍 매미 희생자 위령비엔 2003년 9월 발생한 태풍으로 마산이 입었던 끔찍한 피해가 새겨져 있다. 태풍으로 큰 해일이 일면서 마산어시장을 덮쳐 18명이 사망한 사고였다. 한때 대한민국 2대 해수욕장으로 불린 월포해수욕장 터, 〈산장의 여인〉을 작곡한 반야월 노래비, 몽고정, 3·15 의거탑… 이제 사라졌거나 여전히 이어지고 있는 마산의 역사문화 유산도 주변에 있다. 임항선 시의거리에선 시인들의 약력을 유심히 읽어볼 만하다. 유안진(마산 제일중학교 교사 역임), 이제하(마산고 졸업), 이은상(마산 출생, 마산 창신학교 졸업), 최순애(〈오빠생각〉 작사, 마산 산호동에서 신혼생활), 김춘수(마산중고 교사, 초대 마산문학협회장 역임) 등 작가들의 약력에 마산과 맺은 인연이 적혀 있다.

가고파꼬부랑길 벽화마을은 통영 동피랑 마을의 마산 버전

이랄 수 있다. 마을에는 이제 쓰지 않는 우물과 가마솥을 올리던 아궁이가 남아있다. 낮은 담 너머로 옛집의 내부가 훤히 들여다보이는 곳도 있어 절로 발걸음이 느려진다.

그럴 듯한 간이역사가 보인다면 재현된 북마산역이다. 재미있는 것은 역으로 이어진 육교인데 옛 철로를 뜯어서 만들었다. 철로로 기둥을 세운 육교는 전국에서 이곳이 유일하다고 한다. 철로를 잡아먹은(?) 북마산시장도 볼거리다. 기찻길 시장이라는 점에서 태국 매끌렁시장을 연상시키지만 실제 기차가 다니지 않아 긴장감은 느껴지지 않는다. 길 끝에 나무 전봇대도 등장하는데 제작연도가 '197○'이다. 마지막 숫자는 누가 지웠는지 잘 보이지 않는다.

기차는 다니지 않지만 '위험/Danger'라고 쓰인 경고 문구, 기차 그림 표지판이나 전동 차단기 때문에 문득 '기차가 진짜 오는 거 아냐?' 하는 착각에 빠질 수 있다. 가끔 기적 소리라도 들린다면 착각이 더욱 깊어지겠지만 그럴 일은 결코 없다. 폐선된 철길을 걸으며 문득 그런 생각이 들었다. 무심코 보내버린 그 시절이 가끔은 참으로 서운하다는.

한때 남조선 최고 해수욕장
마산 앞바다

> 마산 가포해수욕장엔 뜻하지 않았던 해수욕복 차림의 박정희 대
> 통령 모습이 나타나 여름을 즐기고 있던 시민들의 시선을 집중케
> 했다. … 박 대통령은 바다 속에서 한동안 수영을 하고 난 뒤 해수
> 에 젖은 몸으로 검은 '선글라스'를 끼고… (동아일보 1964.7.4.)

몇 번을 읽어도 떠오르지 않는 풍경이다. 어린 시절부터 가
포를 숱하게 찾았지만 거기서 수영을 한 적도, 수영하는 사람
도 본 적이 없었으니. 하긴 가포해수욕장은 1976년 4월 26일
문을 닫았고 그때 나는 너무 어렸다. 해수욕장 폐쇄는 수질 악
화 때문이었다. 그 해 마산 외곽에 광암해수욕장이 개장했지만
가포해수욕장에 비해 시설도 부족하고 너무 멀었다. 그 즈음
삼귀동해수욕장도 사라지면서 사실상 마산의 해수욕장 시대는
막을 내렸다고 봐야 옳다.

마산 도심에서 아주 가까운 가포는 1960~70년대 남해안

46

을 대표하는 해수욕장이었다. 부산 해운대, 강릉 경포대와 함께 소개되곤 했으며 해운대에 10만 인파가 몰릴 때 가포를 찾는 관광객도 5만 명은 되었다. 여름이면 가포해수욕장을 이용하는 사람들을 위해 서울-마산을 잇는 직통 피서 열차가 운행되었을 정도다. 해운대와 경포대는 지금도 해수욕장으로 유명하지만 가포는 거짓말처럼 사라졌다.

재미있는 사실은 가포해수욕장이 폐쇄된 뒤로도 그 명칭은 아주 오랫동안 쓰였다는 점이다. 1960~70년대 마산 사람들은 여름이면 당연하다는 듯이 가포 바닷가를 찾아 물놀이를 즐겼다. 갑자기 폐쇄되었다고 오랫동안 찾던 발길이 갑자기 돌려지진 않는다. 얼마 지나지 않아 가포해수욕장은 가포유원지로 이름을 바꿨다(당시 마산 창원 진해 일대에서 유일한 유원지였다). 비

1970년대
가포해수욕장의 모습

록 물에 들어갈 순 없지만 바다를 바라보며 산보를 하고 식사를 하고 근처 게임장에서 시간을 보낼 수 있었던 가포는, 도심에는 없는 흰모래를 밟을 수 있었으니 어쨌든 바다는 바다였다. 입에 익은 말이라 수영도 하지 않으면서 다들 '가포해수욕장'에 간다고 했다. 그리고 누군가는 폐쇄된 해수욕장에서 수영도 했던 모양이다.

"초등학교에 들어가기 전 수영을 했다. 누나랑 같이 갔다. 누나는 튜브를 끼고 있었고 나도 큰 튜브를 끼고 있었다. 물은 깨끗하지 않았다. 탈의실에 들어갔다 씻기 싫어서 도망친 기억이 난다. 사람이 아주 많았다."

1970~80년대 마산에서 학창시절을 보낸 이윤환 씨의 기억이다. 같은 시기에 마산에서 학교를 다닌 강봉균 씨는 유원지 풍경에 대한 기억을 들려주었다.

"공기총 사격장이 있었다. 인형을 떨어뜨리면 선물을 받았다. 어릴 때 총 한 번 쏴보고 싶어서 졸랐던 기억이 난다. 그 때 마신 사이다도 맛있었고 아, 탁구장도 있었다."

가포의 흥망과 함께 마산의 성격도 크게 달라진다. 대략 1980년대 전후다. 바다가 아름다운 도시, 전국구 해수욕장이 있는 도시라는 타이틀은 순식간에 전설이 되었다. 1979년 마산 앞바다는 전국 최초로 어패류 채취 금지구역으로 지정된다. 이곳에서 잡은 어패류는 위험해서 먹을 수 없다는 뜻이니 망신도 그런 망신이 없었다. 1981년 전국 최대 규모의 적조가 마산 앞바다에 퍼진다. 바다가 심각하게 죽어간다는 뜻이었다. 그리고 1982년 특별관리해역으로 지정되어 '해수욕장 도시 마산'의 명성은 신기루처럼 사라졌다.

지금 마산의 나이 든 사람들은 가포해수욕장을 추억하지만 더 오래전에는 월포해수욕장이 있었다. 이른바 남조선을 대표하는 해수욕장이었다.

마산 월포해수욕장은 남조선 지방에서도 물이 맑고 모래가 희어 풍광이 명미하기로 이름이 높아 각 여관업자들은 이때 한몫을 보게 된다고 한다. (동아일보 1934. 7. 5.)

묘한 건 마산에서 해수욕장의 운명은 항상 개발이란 이름 앞에 무릎을 꿇었다는 점이다. 바닷가를 매립해 돈을 벌려는 사람들이 있었고 그 때문에 1938년 월포해수욕장이 문을 닫았다. 월포해수욕장은 당시 마산 시내에서 가장 가까운 바다였다. 시민들은 여름이면 바닷가를 찾았고 멀리서도 따뜻한 바다를 찾는 사람들이 줄을 이었다.

대체지가 필요했다. 1930년대 후반 시내에서 좀 더 벗어난

지역에 고노에가하마(近衛濱)해수욕장과 지바무라(千葉村)해수
욕장이 문을 열었다. 월포보다는 외곽이지만 고노에가하마도
시내에서 그리 멀지 않았다. 개발 이점이 있었다는 뜻이다. 일
본인 나까무라 시게오 씨가 큰돈을 들여 해수욕장 부지를 사
들인 뒤 1944년 말 매립했지만 얼마 지나지 않아 일본이 패망
하는 바람에 원금 회수도 못하고 부랴부랴 떠났다. 이후 마산
에선 때를 못 맞춰 망한 사람을 일컬어 '나까무라 같다'는 말이
한동안 나돌았다.

　　고노에가하마해수욕장이 문을 닫은 뒤에도 훨씬 외곽에 자
리한 지바무라해수욕장은 살아남아 가포해수욕장이 되었다.
그러니 가포의 역사는 생각보다 긴 셈이고 마산 해수욕장의 역
사도 그만큼 길다.

　　인생이 때로 영화 같은 건 강봉균 씨와 가포의 인연에서도
드러난다. 가포유원지에서 보낸 시절의 기억이 애틋했던 강 씨
는 운명처럼 가포해수욕장의 마지막을 두 눈으로 봤다. 2005년
인가 2006년쯤으로 기억했다.

　　"가포유원지도 쇠락해서 더 이상 사람들이 찾지 않는 지경에 이르
　　렀다. 유원지에 공기총 사격장이 한 군데 있었는데 마산에 딱 하나
　　남은 곳이었다. … 이가 빠진 사격장 아저씨 얼굴이 눈에 들어왔
　　다. 어린 시절에 본 그 아저씨였다. 그 마지막 폐업 신고를 내가 받
　　았다."

강 씨는 지금 창원에서 경찰관으로 재직 중이다. 다른 가게
와 달리 공기총 가게는 경찰서에서 폐업 신고를 받는데, 가포
유원지의 마지막 남은 사격장 폐업을 본인이 처리했다는 얘기
다. 이로써 마산의 해수욕장 시대는 완전히 역사 속으로 사라
졌나 싶은데, 광암해수욕장이 16년 만에 다시 문을 연다는 소
식이 2018년 7월, 느닷없이 들려왔다. 마산과 해수욕장의 인연
은 참 질기고 애틋하다.

2018년에 새로 문 연 광암해수욕장

"황금돼지섬이 있다꼬?"

돝섬

1985년 어느 날이었다. 웅변학원 원장
님이 수업을 마친 뒤 밝은 목소리로 말했다. "이번 소풍은 돝섬
으로 간다. 다들 좋지?" 원장님 목소리와 달리 원생들의 반응
은 뜨뜻미지근했던 것으로 기억한다. 돝섬은 마산합포구 앞바
다에 떠 있는 작은 섬이다. 섬 전체를 천천히 걸어서도 2시간이
면 다 볼 수 있는 규모(11만2000제곱미터)로 1982년 국내 최초
의 해상유원지로 개발되었다.

섬 안에 물놀이장과 놀이기구가 가득 들어서서 '바다 위 파
라다이스'라 불린 돝섬은 개장 직후부터 엄청난 관심을 끌었
다. 마산 사람 중 돝섬에 한 번도 안 가본 이는 드물었으며 1년
에 몇 번씩 다녀온 사람도 꽤 되었다. 가족끼리 돝섬 여행을 떠
나는 게 한동안 유행이었고 여러 명이 짝을 지어 가기도 했으
며 특히나 아이들에겐 단골 놀이터였다.

82년에 문을 열었으니 85년쯤이면 아이들이 이미 몇 번은

다녀왔을 때다. 개장의 흥분은 가시고 변화 없는 시설에 살짝 지루함을 느끼던 시점, 내 기억으론 당시 소풍을 간 아이들보다 가지 않은 아이들이 더 많았다.

아이들은 돝섬이란 이름을 놓고도 논쟁을 벌였다.

"왜 이름이 돝섬이고?"

"돼지섬이라고 해서 돝섬이라카데."(돝은 돼지의 옛말)

"돼지라꼬? 생긴 건 오리 닮았는데 무신 돼지고."

"오리는 아니고 고래 닮았지. 어쨌든 돼지는 아니다."

돝섬에 얽힌 설화를 명쾌하게 설명할 수 있는 아이는 없었다. 신라시대, 최치원, 황금돼지라는 다소 난해한 키워드를 하나로 엮어 풀이해야 했는데 아이들이 그런 지식을 가졌을 리만무했다. 설화를 간단하게 설명하자면 이렇다. 신라시대에 사람들에게 해코지를 일삼던 황금돼지가 바다 속으로 뛰어들어 섬이 되었는데 이후 다시 나타나 난동을 부리던 것을 당대 최고 학자이며 마침 마산 바닷가에 나타난 최치원이 활을 쏘아 죽였다는 얘기다.

아이들은 전설보다는 놀이동산에 백배는 관심이 많았다. 나도 그랬다. 섬이라는 단어가 주는 묘한 이질감, 배라는 교통수단, 물을 가르며 달릴 때 느껴지는 바람 느낌이 다 좋았다. 그 중에서도 가장 좋아한 건 선착장 근처에 있던 해수풀장이었다. 수영은 못하고 물을 무서워해 바다에만 나가면 기겁을 하던 어린 내게, 사방이 벽으로 둘러싸이고 파도가 치지 않으며 물 높이도 일정한 실내풀장은 안전하다는 느낌을 주었다. 바닷물을 담은 해수풀에선 생각보다 몸이 잘 떠서 물놀이를 즐기기 좋았다. 세월이 한참 흘러 운동 삼아 실내수영장을 찾는 나이가 되고 보니 당시 가로, 세로가 각각 50미터를 넘긴 돝섬 해수풀장이 얼마나 큰 규모였는지를 새삼 깨닫는다. '국내 최대'라는 수식어는 결코 빈 말이 아니었다.

섬 꼭대기에 있던 하늘자전거도 좋았다. 돝섬 정상에 학교 운동장만 한 잔디밭이 있었는데 그 주위를 높다란 레일이 둘러싸고 페달 자전거가 달렸다. 밑에서 보기엔 아주 근사한 풍경이었다. 자전거에 가림막이 있어 마치 양산을 쓴 사람들이 하늘을 날아다니는 것처럼 보였다.

마산에서 초중고를 보내고 지금은 창원에서 동물병원을 하고 있는 김려진 씨는 돝섬에서 동물을 본 기억이 남달랐던 모양이다.

"거기서 흑곰을 봤잖아요. …그리고 서커스를 본 기억이 나네요. 둘 다 첫 경험이었어요."

1980년에 마산 인구는 34만 명이 채 안 되었다. 그런데 84년 한 해에 94만 명, 86년에 100만 명이 넘는 사람이 돝섬을 찾왔다. 주말이면 마산선착장에서 돝섬까지 사람을 가득 실은 배들이 끊임없이 오갔다. 돌아보면 내가 초등학교를 마칠 무렵이 돝섬의 전성기였다. 중고등학교를 다니며 돝섬에 대한 관심이 자연스레 사라졌고, 다른 사람들도 돝섬으로 향하던 발길을 서서히 끊었다.

2017년 12월 4일자 연합뉴스는 '창원 돝섬 옛 명성 회복하나… 연간 관광객 12만 명 돌파'라는 제목의 기사를 내보냈다. 2011년 민영에서 시 직영으로 넘어간 뒤 연간 방문객이 6만 3900명에 불과했다고 한다. 한해 100만 명을 넘기던 시절을 생각하면 무척 초라한 성적표다. 돝섬해상유원지의 지난 통계를 보면 1990년대 이후로 줄곧 방문객이 줄어들다가 2000년대 들어 마산가고파국화축제를 이곳에서 열면서 몇 년 반짝 인기를 끌었고, 축제 장소를 내륙으로 옮기자 다시 발길이 끊겼다. 그래도 시는 추억의 돝섬에 대한 미련을 버리지 못한 모양이다. 2017년 돝섬에 종합관광안내센터를 세웠다. 섬을 새로 단장해 사람들의 발길을 다시 끌어보겠다고 벼르는 모양새다.

돌이켜보면 돝섬을 유원지로 개발하려는 계획은 꽤 오래되었다. 1930년대에 일본 정부가 이미 돝섬에 여름 휴양시설을 만들겠다고 발표했다. 날씨가 온화한데다 꽤 큰 해수욕장이 있는 마산은 당시에도 인기 있는 휴양처였다. 오목한 합포만에 감싸여 호수처럼 잔잔한 바다 한가운데의 돝섬은 더욱 특별한 존재로 여겨졌다. 마산에 비가 오지 않을 때는 이 섬에서 기우

제를 지내기도 했다. 이는 고위급 관리들이 참석하는 큰 행사였는데 어쩌면 최치원과 황금돼지 전설이 장소 선정에 영향을 미쳤는지도 모르겠다. 실제로 '황금돼지의 해'였던 2007년에는 세계 41개국 주한대사와 가족을 포함한 100여 명이 돝섬을 찾았다. 동서고금을 막론하고 돼지는 복을 부르는 짐승으로 알려져 관심이 더 있었을 것이다.

　오래 전 흥청거리던 돝섬의 모습은 사라지고 이제 평온한 산책 섬으로 변모했다. 섬을 둘러싼 산책로는 깔끔하고 풍경도 좋다. 딱히 화려한 볼거리는 없지만 파도가 잔잔하고 나무도 제법 울창해 복잡한 머리를 식히기엔 딱 좋은 힐링 공간이다. 황금도 잊고 복도 잊고, 잠시 지친 숨을 고르고 싶을 때 이제 돝섬으로 향하면 되겠다.

물 좋고 공기 좋았던 국내 최고 결핵휴양지

국립마산병원

그 시절엔 어느 지역에서나 그랬겠지만, 매년 12월이 되면 담임선생님은 종이뭉치 비슷한 걸 들고 나타나셨다. 반 아이들은 모두 알았다, 그게 무엇인지. 아이들이 웅성거리는 걸 지켜본 선생님은 곧 본론을 들이밀었다. "자자, 이게 다 좋은 일이다. 한 장씩 모두 사도록 하고 여유가 되면 몇 장 더 사도록."

크리스마스실(Christmas seal)이었다. 결핵퇴치기금을 모으기 위해 해마다 특별 발행하는 우표인데 희한하게도 학창시절을 통틀어 크리스마스실의 판매 실적은 꽤 좋았던 것으로 기억한다. 교탁 위에 놓아둔 실은 얼마 지나지 않아 감쪽같이 사라졌다. 한창 우표 수집에 빠져 있던 나는 매번 낱장 대신 한 묶음의 전지를 샀고 집에 가서 우표첩에 고이 모셔두었다.

세월이 한참 지나 마산이 결핵과 관련이 깊은 도시라는 사실을 알게 되었다. 국립 결핵병원이 마산에 있고 그 역사도 아주 오래되었다는 사실을.

1962년에 개봉된 영화 〈하늘과 땅 사이에〉에는 디자이너 은경(김지미)과 오빠 호경(최무룡), 동생 애경(전향이) 세 남매가 등장한다. 극 중 애경은 결핵에 걸려 죽어가고 은경은 동생을 살리기 위해 낮에는 출판사, 밤에는 양장점에서 일하며 돈을 번다. 이보다 몇 년 앞선 영화 〈곰〉(1959년)에는 무식한 목수 곰 (김승호)과 그가 사모하는, 딸의 담임교사가 나온다. 매일 술로 인생을 보내며 딸을 학대하던 곰은 교사의 설득으로 멀리 돈벌 이를 떠난다. 고생 끝에 돈을 벌어서 돌아오지만 여선생은 세 상을 떠난 뒤였다. 병명은 결핵.

몇 십 년 전만 해도 결핵은 이렇게 흔하고 무서운 질병이었 다. 해방 이전에는 '망국병'이라 불리며 끊임없이 언론에 오르 내렸는데, 폐결핵으로 목숨을 잃는 사람이 매년 1만 명을 오르 내리고 환자 수는 그보다 훨씬 많았다. 해방 후에도 상황은 별 로 달라지지 않아서 질병관리본부가 밝힌 통계에 따르면 1965 년 결핵환자 수는 무려 124만 명이었다. 2007년에 새로 결핵에 걸린 환자가 3만5000명가량인 점에 비하면 얼마나 심각한 병 이었는지 알 수 있다. 그 시절 결핵에 걸린 사람들은 종종 심한 기침을 하고 '폐병쟁이'라 불렸다. 드라마나 영화, 소설에서 폐 병쟁이는 아주 흔한 캐릭터였다.

결핵은 위생과 영양상태를 개선해야 낫는 병이다. 좋은 환 경이 필수. 널리 알려진 사실은 아니지만 마산은 우리나라에서 결핵요양원이 가장 많은 곳이었다. 지역방송과 전단지, 플래카드를 통해 '물 좋고 공기 좋은 마산'이라는 슬로건을 귀에 못이 박히도록 들었지만 10대 시절의 삐딱했던 우리들은 '물 더럽고 공기 더러운 마산'이라며 조롱대기만 했다. 공장에서 나온 폐수로 앞바다가 이미 심하게 오염된 데다 공장도시 마산이 공기가 좋다는 것은 어불성설이라 느꼈기 때문이다.

하지만 바닷물과 지하수는 엄연히 달랐고 마산 중심지만 벗어나면 풍광 좋은 곳이 많다는 것을 아는 사람은 다 알았다. 외곽에는 여전히 푸른 바다가 넘실대고 산에선 맑은 생수가 흘러나왔다. 마산 앞바다가 '전국에서 가장 오염된 곳'이라는 오명을 뒤집어썼을 때도 마산 지하수로 만든 맥주와 소주는 여전히 전국으로 배달되고 있었다.

'결핵휴양도시' 마산의 명성은 해방 직후에 시작된다. 1946년 6월 1일 광복 후 최초의 국립결핵요양원이 오늘날 신마산 일대에서 문을 열었다. 그에 앞서 마산결핵요양소를 비롯해 국립신생결핵요양원, 결핵전문 시설인 마산교통요양원과 제36육군병원, 마산공군병원요양소, 한국은행 행우장 등이 모두 신마산과 가포 부근에 들어섰다.

복잡하고 험악한 인간세계를 떠난 그야말로 별천지이다. 평화의 산촌이다. 희망에 넘치는 재생의 낙원이기도 하다.

　1947년 12월 19일자 동아일보 기자의 눈에 비친 마산 결핵 휴양지 풍경이다. 지금은 고개를 갸웃거릴 사람이 많겠지만 해방 이전만 해도 '조선 최고 기후휴양지'란 명성을 듣던 마산이었다.

　국립 시설이 들어서기 전에도 결핵 환자들은 마산을 즐겨 찾았다. 〈벙어리 삼룡이〉 〈뽕〉 등을 남긴 작가 나도향은 1925년 결핵에 걸려 마산을 찾았고, 일제 때 유명한 사회주의 문학평론가였던 임화도 1935년부터 37년까지 마산결핵요양소에서 병을 치료했다. 그의 부인, 소설가 지하련 역시 결핵에 걸려 마산요양소에 입원했다. 시인 구상과 김남조도 마산에서 결핵을 치료했다. 시인 김지하 1972년 5월 반공법 위반으로 입건된 뒤 마산결핵병원에 강제 연금되었다. 작가들은 마산에서 결핵 치료를 받으며 느낀 소회를 여러 작품에 남겼다. 경남대 강사인 한정호 씨는 〈마산 지역의 결핵문학과 그 유래〉라는 논문을 통해 마산을 '한국 결핵문학의 산실'이라고 표현했다.

　사람들에게 가장 널리 알려진 사연은 반야월이 지은 노래 〈산장의 여인〉이다. 마산 반월동 출신이라 예명이 반야월인 그는 마산에 있는 국립결핵요양원으로 위문공연을 갔을 때 창백한 얼굴로 슬프게 울던 한 여인을 보고 깊은 인상을 받았다. 여인을 수소문해 알아보니 사랑의 상처를 입고 산장 병동에 입원 중이었다. 역시 결핵에 걸려 요양 중이던 이재호가 곡을 붙였으니 〈산장의 여인〉은 결핵을 인연으로 만들어진 노래인 셈이다.

아무도 날 찾는 이 없는 외로운 이 산장에 / 단풍잎만 채곡채곡 떨어져 쌓여 있네 / 세상에 버림받고 사랑마저 물리친 / 몸 병들어 쓰라린 가슴을 부여안고 / 나 홀로 재생의 길 찾으며 외로이 살아가네

사연을 적으며 노래를 흥얼거리니 여인의 슬픔이 아스라이 느껴진다. 국립마산결핵병원은 2002년 국립마산병원으로 이름을 바꾸면서 명칭에서 결핵을 지운다. '휴양도시' '조선 최고 기후휴양지'라는 말도 오래전에 슬그머니 사라졌다. 하지만 '물 좋은 마산'은 지금도 마산이 자부하는 슬로건이다. 그 속에 비밀이 숨어 있다. 어쩌면 마산의 진짜 모습은 도심을 벗어나는 순간 시작될지도 모른다.

꽃시장 역사를 바꾸다

마산국화

초등학교 시절 우리 가족이 세를 살던 집은 아주 넓었다. 대문을 열면 큰 개 두 마리가 컹컹 짖었다. 깜짝 놀라 후닥닥 뛰어들어 오른쪽으로 난 좁은 길을 따라 걸으면 굴 같은 통로가 나왔다. 그곳을 빠져나가면 아주 넓은 정원과 연못이 나타나 흡사 비밀의 공간 같은 느낌을 주었다. 정원엔 꽃과 나무가 많았는데 그 중 석류와 무화과나무가 인상 깊이 남아 있다. 겨울이 지나 어느 순간 정원이 화사해지며 나비가 날아오면 '이제 봄이구나' 싶었다가, 가을에 온도가 뚝 떨어지면 정원은 다시 삭막해졌다. 언젠가 주인 할아버지가 옥상에 작은 집을 지었는데 어머니께 물으니 온실이라고 했다. 날씨가 추워진 뒤에도 꽃을 기를 수 있다는 것을 그때 처음 알았다.

1955년 10월 27일 서울 덕수궁에서 국화전이 열렸다. 한국전쟁으로 거의 종자가 사라진 국화를 전국 각지에서 수집해 가까스로 30여 종, 300여 개의 화분을 만들어 전시회를 연 것이다. 겨울이 지나면 꽃이 피듯 전쟁으로 폐허가 된 땅에서 사람들은 꽃을 보며 희망을 꿈꾸었다. 우리나라 사람들은 오래전부터 국화를 좋아해 가을이면 곳곳에서 국화 전시회가 열렸다. 꽃은 철 따라 피고지고 가을엔 누가 뭐래도 국화였다.

사람들은 꽃을 좋아했지만 한 철 피고 지는 꽃은 흔하게 주고받을 수 있는 선물이 아니었다. 생화를 구경할 수 있는 건 기껏 졸업 시즌이나 누군가를 추모할 때이고, 생화를 꾸준히 이용하는 곳은 호텔이나 고급 상가 정도였다. 이런 곳들은 꽃집에서 고급 화분을 임대해 그 관리까지 꽃집에 맡겼는데, 요즘 정수기 대여 서비스처럼 당시엔 화분 대여 서비스가 있었던 셈이다. 꽃은 그만큼 귀하고 특별한 물건이었다. 1960년대 초 서울의 꽃집을 다 합쳐 25개 정도에 불과했던 건 그런 시대상을 알려준다.

그런데 같은 시기 마산에서 재미난 일이 벌어지고 있었다. 서울에 가서 파와 채소를 팔고 온 농부가 마을에 새 소식을 전했다.

"꽃 한 송이가 쌀 한 되 값이래."

마을 사람들은 깜짝 놀랐다. 쌀보다 꽃이 비싸다니 어처구니없는 일이었지만, 꽃이 곧 돈이 된다는 걸 깨닫고 상업화를 고민한다. 이런저런 궁리를 하다가 일본 책을 통해 전조억제(電照抑制) 방식, 즉 전등으로 빛의 양을 조절해 식물을 기르는 방식을 알게 되었다. 식물은 해가 떠 있는 시간의 길이를 느껴 스스로 꽃 피울 때를 판단한다. 해가 길 때 피는 꽃을 장일식물(long-day plan)이라 하고, 해가 짧을 때 피는 꽃을 단일식물(short-day plant)이라 한다. 개나리와 장미는 대표적인 장일식물이고 국화와 코스모스는 대표적인 단일식물이다. 그런데 전조억제 방식을 이용하면 식물을 속여 원하는 때에 꽃을 얻을 수 있다. 그 방법으로 마산에서 국화 상업 재배가 처음으로 이루어진다.

그 전까지는 자연 상태나 온실에서만 꽃을 길렀기 때문에 선물 수요가 많은 겨울철에 능동적으로 대처하기가 힘들었다. 하지만 전등을 이용해 개화시기를 조절할 수 있게 되자 상황이 달라졌다. 1966년 서울 시내 꽃집은 150여 개로 크게 늘어났고, 60년대 중반부터 준공식이나 개관식에 축하 화환을 보내는 것이 대유행을 탔다. 생일이나 병문안을 갈 때도 먹을 것을 챙기기보다 꽃을 들고 가는 게 더 세련된 문화로 받아들여졌다. 가을철 최고 인기를 누렸던 국화는 온실과 전조억제 방식에 힘입어 사계절 내내 인기 있는 상품이 된다.

국화 상업 재배를 가장 먼저 시작한 마산은 전국에서 국화를 가장 많이 기르는 지역으로 자리 잡았다. 국가에 큰 행사가 있을 때도 장식 꽃으로 국화가 가장 인기였고 그때마다 마산국화가 공수되었다. 마산 국화업자들에게 국가 이벤트는 아주 좋은 기회였다. 1974년 11월 22일 미국 포드 대통령이 방한했을 때 한국 정부는 김포공항에서 중앙청까지 거리를 꾸밀 국화 20만 송이가 필요했다. 이는 연간 1500여 만 송이를 재배하는 마산 국화재배단지에서나 댈 수 있는 물량이었다. 이 행사로 마산에서는 당일 천만 원에 가까운 목돈을 벌었다고 한다. 1966년 존슨 대통령 방한 때도, 1974년 영부인 장례식과 1979년 대통령 영결식 때도 마산국화는 대량으로 기차를 탔다.

물론 세상 일이 모두 순탄하기만 한 건 아니었다. 위기 속에서 기회가 생기고 기회 속에 위기가 숨어 있는 법. 1970년대 들어 정부는 가정의례준칙을 발표해 행사와 선물을 간소화하라고 지시한다. 당장 꽃시장이 타격을 받았다. 정부는 또 에너지와 식량난을 극복하기 위해 식량작물우선시책을 내놓았다. 역시 꽃이 타격을 받았다. 1970년 130여 가구에 이르렀던 마산 국화재배 농가는 1977년 32가구로 대폭 줄어든다. 그 뒤에도 경기가 나쁠 때마다 꽃은 사치품으로 여겨져 가장 먼저 타격을 입었다. 1990년에 전국 생산량의 60퍼센트를 차지했던 마산국화는 이제 20퍼센트에 조금 못 미치는 점유율을 보이지만 여전히 전국 최고의 생산량을 자랑한다. 게다가 그 역사성은 큰 자산이다.

2000년에 시작된 마산가고파국화축제는 전국 최대 규모의 가을꽃 축제로 자리 잡았다. 2017년 축제장엔 159만 명이 방문했고 10만 점 이상의 국화가 전시되었다. 사람들은 "국화가 이

진해 앞바다에 조성된 창원 해양공원. 섬의 가장 높은 곳에 국내에서 가장 큰 태양광 발전시설인 솔라타워가 우뚝 서 있다.

진달래 군락지로 유명한 천주산.
마산회원구와 옛 창원 지역인 의
창구 사이에 걸쳐 있다.

© 창원시

전국적인 규모를 자랑하는 마산어시장.

마산 앞바다에 떠 있는 돝섬. 1982년 국내 최초의 해양유원지로 꾸며졌다.

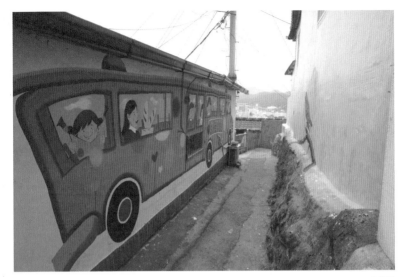

가고파꼬부랑 벽화마을.   © 창원시

임항선 그린웨이에 옛 모습으로 재현된 북마산역.   © 창원시

마산 앞바다를 내려다보는 위치에 지어진
문신미술관.

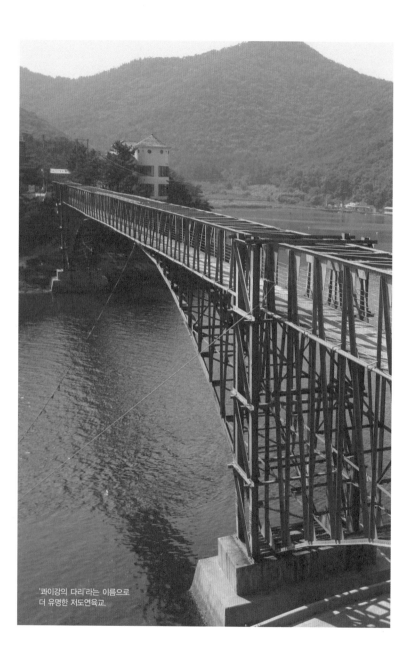

'콰이강의 다리'라는 이름으로
더 유명한 저도연육교.

렇게나 다양한지 몰랐다"며 축제를 맘껏 즐겼다. 2008년 축제에는 어마어마하게 큰 국화가 등장해 눈길을 끌었는데 대국 품종인 천향여심(天香旅心)이다. 이 국화는 줄기 하나로 1315송이의 꽃을 피워 영국 기네스월드레코드(GWR)로부터 세계 신기록을 인정받았다. 16개월 동안 정성을 들여 키운 천향여심은 곧 가고파축제의 마스코트가 되었고 매년 기록을 갱신해 2017년엔 1500송이가 넘는 꽃을 피웠다. "1500송이 이상 꽃을 피우면 국화도 힘이 들 것"이라는 담당자의 말처럼 더 이상의 기록 갱신은 의미 없어 보인다.

지역에선 마산국화를 좀 더 알리기 위해 2005년 10월 전통국화주도 개발했다. 2006년 마산시는 아귀찜, 복요리, 전어회, 생선국, 장어구이, 통술, 미더덕, 국화주, 몽고간장*, 파프리카, 멸치젓갈 등 11개 품목을 놓고 마산을 대표하는 음식 5가지를 선정하는 시민설문조사를 실시했는데 그 결과 아귀찜, 전어회, 복요리, 미더덕과 함께 국화주가 뽑혔다. 2008년엔 국화를 먹인 돼지 '가고파 산국 포크'가 출시되었다.

●   1905~1945년 마산에 있었던 야마다 장유양조장이 해방 후 간판을 바꿔 몽고간장으로 이어졌다. 고려시대에 몽고군이 파놓은 우물, 몽고정에서 비롯된 이름이다.

마산의 명동, 추억을 소환하다
창동

주말에 온 가족이 시내 나들이를 가면 언제나 아버지가 택시 앞자리에 앉아 행선지를 말했다. "남성동파출소로 가입시다." 세상에, 나들이 장소가 파출소라니. 처음엔 그렇게 생각했다. 뭔가 볼일이 있겠거니 하고. 의문은 택시에서 내리고 난 뒤 곧바로 풀렸다. 남성동파출소가 당시 마산 최대 번화가인 창동 입구에 있었기 때문이다. 창동은 서울의 명동과 비슷한 장소로 모든 게 다 있었다. 빵집, 서점, 음반 판매점, 식당, 백화점 등 마산에서 가장 유명하고 전통 있는 가게들이 창동에 다 모여 있었다.

10대까지의 시간을 고스란히 마산에서 보내고 서울에서 20대를 시작한 강봉균 씨는 창동을 이렇게 기억한다.

"대학에 들어가면서 서울에 올라가 명동이란 데를 가봤다. 어깨를 부딪치지 않고선 한 발짝도 나아갈 수 없더라. 그때 퍼뜩 생각을 했다. 아, 여기가 바로 서울의 창동이구나."

1980년대 주말에 마산 젊은이들의 약속 장소는 어김없이 창동이었다.

"시민극장에서 볼까?"(해방 이전 건립, 1995년 폐관)
"내가 책 살끼 있다. 이번엔 학문당에서 보자."(1955년 개점, 현재도 운영 중)
"그래, 그럼 거기서 만나가꼬 고려당으로 가자. 생일빵 사야 한다."
(1959년 개점, 현재도 운영 중)

카세트테이프나 LP로 음악을 듣던 시절. 창동 시내엔 음반 가게가 여러 곳이고 녹음테이프를 파는 리어카 노점도 많았다. 음악 소리에 홀려 들어간 어느 레코드점에서 시간을 보내기도 좋았다. 친구를 만나면 보통 부유물처럼 떠다니며 창동 순례를 시작했다. 창동 한복판에 있던 오락실에서 먼저 손을 풀고 생각해둔 영화가 있으면 근처 극장으로 이동했다. 딱히 사려는 책이 없어도 통과의례처럼 학문당에 들러 매대에 놓인 책을 한번 슥 훑고 나와야 마음이 놓이던 시절이었다. 빵집은 고려당과 코아양과(드라마 〈응답하라 1994〉에 소개)가 유명했는데 젊은이들 취향은 코아양과였다.

그렇게 창동 거리를 휘저을 때면 어김없이 같은 학교 친구들을 마주쳤다. 동창생들의 주말 나들이 멤버나 연애 상대, 또는 가족에 대한 정보가 순례하는 동안에 쌓였다. 주말에 집에 틀어박혀 있거나 멀리 떠난 게 아니라면 모두들 여기서 만나고 흩어졌다.

마산의 또 다른 번화가인 남성동, 동성동, 부림동, 오동동은 창동을 호위무사처럼 둘러싸고 있다. 모두 걸어서 다닐 수 있는 거리. 부림동, 오동동, 동성동의 가게를 드나들었지만 모두 창동과의 경계에 있는 곳들이라 그냥 창동이라고 뭉뚱그려 말했다.

배고픔은 주로 부림시장(재래시장)이 있는 부림동에서 해결했다. 떡볶이, 김밥이 예나 지금이나 인기 메뉴. 초중고를 마산에서 나온 이윤환 씨는 당시 먹던 간식들을 이렇게 회상한다.

"창동에 가서 배가 고프면 항상 부림시장에서 국물떡볶이와 김밥을 먹었다. 코아양과에 가서 밀크셰이크와 크림빵을 먹었던 기억도 아련하다."

코아양과는 오동동에 있지만 창동 중심가에서 걸어서 5분 거리이고, 부림시장도 5분 거리에 있다. 부림시장 1층에는 먹자골목이 있어 주말이면 항상 사람들로 버글거렸다. 태어나 처음 세꼬시(뼈째 썬 회)를 먹어본 곳도 바로 여기였다. 먹자골목 2층 탁구장에서 종종 탁구를 쳤고 경기가 끝나면 다시 창동 시내를 어슬렁거리며 풍경을 훑어본 뒤 집으로 향했다.

마산 사람들을 블랙홀처럼 빨아들이던 곳이었으니 창동은 마산의 심장부이자 자존심이라 할 수 있었다. 큰일이 생길 때도 창동에서 알리는 게 가장 효과적이었다. 일제강점기에 불이 나면 창동 시내에서 종을 쳐 시민들에게 알렸다. '불종'을 단 길이라고 해서 창동과 오동동 사이 길을 불종거리라 불렀고 그 거리엔 지금도 90년대 말 새로 만든 불종이 걸려 있다. 이승만 정권을 무너뜨린 3·15 의거도 창동 바로 옆 거리(오동동)에서 시작되었다. 그 자리엔 3·15 의거 발원지 표지석이 세워져 있다. 박정희 정권을 끝장 낸 부마항쟁도 창동이 시위의 중심지였다. 기록에 따르면 1979년 10월 18일 오후 창동 일대에 700

창동 불종거리

명이 넘는 시민이 모였다고 한다.

1990년 개별 공시지가를 처음 집계해 발표할 때, 경남에서 가장 땅값이 비싼 곳은 당연히 마산 창동이었다. 이 기록은 꽤 오랫동안 유지되다가 2015년 경남 진주시 대안동, 2016년에는 창원시 용호동으로 넘어갔다. 흥미로운 사실은 조선 후기에도 창동이 경남 지역의 중심지였다는 점이다. 조선 영조 (1694~1776년) 때 국가가 거둔 곡물을 보관하는 조창을 창동 입구에 설치했다. 당시 창고를 지켰던 군사 수만 960여 명. 그 많은 군사가 머물렀으니 일대가 얼마나 흥청거렸을까.

오랜 영화를 누렸지만 창동은 이제 새롭게 변신 중이다. 경남에서 가장 사람이 많고 가게가 많다는 명성 대신 오래된 가게가 많은 근현대 여행지로 주목받고 있다. 해방 이전에 문을 연 오성사(한복집)와 황금당(귀금속집)이 터줏대감 노릇을 하고 70년대에 문을 연 창동복희집이 팥빙수와 단팥죽을 만들어 판다. 앞번호가 두자리수인 전화번호도 창동에선 아직 심심치 않게 볼 수 있으니 "창동에 가면 타임머신을 탄 것 같다"고 말하는 것도 무리는 아니다.

아버지는 우리랑 갈 때는 택시 운전사에게 '남성동파출소'를 말했지만 혼자서 갈 땐 보통 희다방엘 갔다. 희다방은 동성동에 있지만 역시 창동 중심가에서 도보 5분 이내 거리였다. 아버지에게 옛 희다방 풍경을 묻자 "거기 크림빵이 정말 맛있었다"며 잠시 추억에 젖었다. 송민순 전 통일부 장관이 1970년 여기서 연극 공연을 했다고 하니 얼마나 역사가 오래 됐을까.
아쉽게도 희다방은 사라졌다. 공간은 없어졌지만 누군가의 기
억 속에 뚜렷이 남아있는 곳들이 마산엔 많다. 그래서일 게다.
지금은 창원에서 직장생활을 하며 두 아이의 아버지가 된 강봉
균 씨는 가족과 함께 종종 창동을 찾는다. 추억이 서린 곳을 지
나칠 때면 아이들에게 자신의 옛 얘기를 꺼내놓곤 한다.

"학문당 앞을 지날 때는 중3 시절 서점에 서서 무협지를 읽었던 기
억이 떠오른다. 몇 시간씩 공짜 책을 읽어도 주인이 아무 말 하질
않았다. 지금도 그 자리에 그 모습 그대로 있으니 참 감회가 남다
르다."

마산이 가장 화려했던 시절의 젊은 추억들을 봉인한 장소,
창동. 옛 시절로 돌아갈 수 없다지만 창동에선 예외다. 그곳에
발을 들여놓는 순간 추억은 바로 봉인 해제다.

창동 거리에 남아 있는
오래된 가게들.
대부분 간판에
창업연도를 적어놓았다.

지역백화점 전성시대, 서울 백화점 물렀거라!
가야백화점과 성안백화점

1982년 6월 어머니 손을 잡고 집을 나
섰다. 그날은 내 생일이었다. 태어나 처음 본 으리으리한 건물
안으로 들어섰다. 건물 안엔 사람이 가만히 서 있는데도 1층에
서 2층으로 비스듬히 올려다주는 기구가 있었다. 사람들은 그
걸 '에스컬레이터'라 불렀다. 그땐 참 입에 안 붙는 용어였다.

어머니는 그곳에서 내게 뭘 사고 싶은지 물었다. 건물에 주
눅이 들었는지, 처음 본 물건들에 주눅이 들었는지는 잘 모르
겠다. 내가 고른 것인지, 끝내 선택하지 못하는 나를 대신해 어
머니가 고른 것인지도 모르겠지만 그날 내 손엔 건포도 한 상
자가 들려 있었다.

특별히 생일이라며 어머니는 꼭대기 층에 있는 '귀신의 집'
에도 데려갔다. 에스컬레이터를 타고 한참 올라갔는데 결과적
으로 그 날 내 눈을 사로잡은 건 건포도도, 귀신의 집도 아니었
다. 1층 어느 매장에 있던 우표에 마음을 빼앗겨 이후로 꽤 오

랫동안 우표 수집을 했다.

이것은 1977년 12월 마산에 처음 생긴 백화점, 가야백화점에 관한 기억이다. 나뿐 아니라 마산 사람들 사이에서 가야백화점은 큰 화제였다. 최초, 최고의 신세계였기 때문이다. 초중고를 모두 마산에서 나오고 지금은 사진작가로 활동 중인 이윤환 씨는 "엘리베이터와 에스컬레이터 타는 재미에 가야백화점을 자주 갔다"고 회상했다. 기억하기론 에스컬레이터를 타기 위해 자꾸 오르락내리락 하는 아이들이 있었고 가끔씩 백화점 직원들이 나타나 주의를 주었다.

지하 1층, 지상 8층으로 대로변에 들어선 가야백화점은 크기가 어마어마했다. 당시 백화점 측은 '초현대식 시설을 갖추고 경남북 최초이며 국내 현존 3대 백화점에 버금가는 대형 종합백화점'이라고 광고했다. 마산에 이렇게 큰 백화점이 들어섰다는 건 시민들의 소비력이 그만큼 되었다는 증거다. 당시 마산은 수출자유지역의 호황과 한국철강, 한일합섬 등 대기업의 선전으로 눈에 띄게 성장하고 있었다. 가야백화점이 문을 연 1977년 마산은 울산에 이어 전국에서 인구 증가율 2위를 차지했다. 도로 포장률 또한 73.4퍼센트로 전국 1위였다. 당시 마산의 소비력을 보여주는 또 다른 증거는 1인당 쇠고기 소비율이 인천에 이어 전국 2위였다는 점이다.

80년대 들어서는 성안백화점, 로얄백화점, 한성백화점, 동성백화점 등 백화점들이 경쟁적으로 문을 열었다. 새 백화점이 문을 열면 동네 어머니들이 우르르 그쪽으로 몰려갔던 기억이 난다. 식품 코너에선 할인행사를 열고 푸짐한 선물도 제공했다. 어머니들은 한동안 백화점 식품 코너를 이용하다가 할인행사가 끝나면 다시 동네 재래시장으로 돌아갔다.

아버지는 간혹 한가한 주말에 가족을 데리고 나가 외식을 시켜주셨다. 부산 나들이를 할 땐 택시를 대절하고 서울 나들이를 할 땐 비행기 표를 끊기도 했던 아버지는 가족에게 쓰는 돈을 아끼지 않던 분이셨다. 아버지가 메뉴를 정하기 전에 "뭐 먹고 싶노?"라고 물으면 나는 어김없이 "짜장면"이라 대답했는데 통 크게 쏘고 싶은 아버지는 그럴 때마다 "무신 짜장면이고?" 핀잔을 주며 시내 호텔이나 백화점에 있는 양식집으로 우리를 이끌었다. 스테이크를 처음 먹어본 것도 그 시기였다.

1970년대에 일찍 문을 연 가야백화점은 영업 면에선 큰 재미를 못 봤다. 사람들은 가야백화점을 신기해했지만 그곳에서 물건을 사진 않았다. 나는 가야백화점 옆에서 롤러스케이트를 타고 우표를 사기 위해 갔을 뿐이고 1982년 생일 이후로는 부모님과 함께 간 기억도 없다.

규모 면에서 대도시 백화점에 뒤지지 않은 건 가야백화점이지만 실적 면에서 마산 사람들의 코를 우쭐하게 한 건 성안백화점이었다. 1988년 성안백화점이 문을 열자마자 사람들이 몰려들었다. 고속터미널을 오갈 때마다 성안백화점 주변으로 사람들이 밀물과 썰물처럼 움직이던 풍경을 보았던 기억이 또

렷하다. 성안백화점은 개점 이듬해인 1989년 매출 350억 원으로 전국 24위에 올랐다. 첫해보다 매출이 65.1퍼센트나 오른 초고속 성장세로 전국 백화점 업계를 긴장시켰다. 성안백화점보다 몇 해 앞서 문을 연 로얄백화점은 매출 82억 원으로 42위였다. 롯데, 신세계, 현대 등 전국구 백화점 체인과 서울, 부산, 대구 지역의 대형 백화점들 사이에서 거둔 성적인 점을 감안하면 놀라운 수치다. 어머니는 "성안백화점은 서울의 큰 백화점과 비교해도 뒤지지 않는다"는 말을 종종 하셨다. 당시 다른 사람들의 마음도 비슷했으리라.

마산은 1970년 인구가 20만 명에서 단 2명 모자랐다. 80년엔 주민등록상 인구로 36만 명을 넘겼다. 10년 만에 인구가 두 배로 늘었으니 돌아오는 10년 후엔 또 그만큼 인구가 늘 것이라고 다들 예측했다. 그만큼은 아니지만 1990년엔 아슬아슬하게 50만 명을 넘겨 마산을 2개 구로 나누었다. 하지만 그 때가 최고점이었고 그것도 간신히 비틀거리며 밀어붙인 정상이었다. 1994년 인구가 40만 명 밑으로 떨어졌으니 추락하는 것엔 날개가 없다는 말이 틀리지 않았다.

소비는 위축되고 인구도 눈에 띄게 줄어들었다. 사람들이 호주머니를 걸어 잠그자 백화점은 바로 타격을 받았다. 이미 80년대에 가야백화점이 가장 먼저 문을 닫았고, 결코 망하지 않을 것 같던 성안백화점도 90년대 들어 문을 닫았다. 다른 백화점들도 이 때 줄줄이 간판을 내린다. 지역 백화점이 몰락한

자리엔 전국구 대형 백화점이 들어섰다. 성안백화점은 신세계 백화점으로 이름을 바꾸었다. 1997년 대기업 대우가 인수해 문을 연 대우백화점은 8년쯤 뒤엔 다시 롯데백화점으로 넘어갔다. 가야백화점은 백화점 간판을 내렸지만 여전히 큰 위용을 자랑하며 전자상가로 명맥을 잇고 있다.

마산 02

❀

역사와 문화의
길을 따라 걷다

한반도 남부 최대의 청동기 유적지

진동리유적

2005년 고고학계는 마산 진동 지역에서 발견된 유적 때문에 떠들썩했다. '지금까지 알려진 것보다 최소 200년까지 초기 국가의 출현 연도를 거슬러 올라가는 고인돌 유적' '진동 유적지는 무덤의 규모나 다양성 측면에서 청동기시대의 모든 묘제가 모인 종합전시장 같다' '상고사를 새롭게 써야 할지 모른다'며 흥분을 감추지 못했다. 약 10만 제곱미터 규모의 땅 여기저기에 지석묘(고인돌) 11기, 남방식지석묘 1기, 석관묘(돌널무덤) 45기 등이 흩어져 있고 비파형동검, 마제석검, 반월형석도, 돌화살촉, 무문토기편 등 청동기시대 생활상을 엿볼 수 있는 유물이 대거 포함되어 있었다. 한반도 남부 지역 최대 규모의 청동기시대 묘역이 모습을 드러낸 것이다.

학자들은 여기에 우리 고대사에서 중국과 한반도, 일본이 어떻게 교류하고 문화를 주고받았을지 그 열쇠가 숨어 있을 것으로 내다봤다. 기원전 6~5세기에 이미 강력한 거주 집단이 한반도에 존재했음이 확인되었기 때문에 한반도 국가와 고대사를 새로 써야 할 것이라는 주장도 나왔다. 발굴 결과에 따라 2006년 8월 29일 문화재청(청장 유홍준)은 마산 진동리유적을 사적 제472호로 지정했다. 경주 포석정지가 제1호 사적에 지정된 이후 수원화성, 한양도성, 독립문, 행주산성, 경복궁 등이 지정되었으며, 진동리유적은 마산 지역에서는 최초로 지정된 사적이었다. 마산 사람이라면 기뻐할 일이었지만 사정은 그렇지 못했다.

유적이 발견되기 전인 1998년 5월 26일, 마산시는 조합원 300명이 낸 진동지구토지구획정리에 관한 건을 승인해 이 지역에 아파트단지를 세울 수 있게 했다. 조용한 어촌마을이던 진동은 1994년까지만 해도 의창군에 속했고 마산시로 편입된 지 몇 해 지나지 않은 때였다. 당시 마산은 주거포화 상태로 좁은 시내에 더 이상 집을 지을 곳이 없었다. 그 대안으로 떠오른 곳이 진동면 일대로, 마산 시내에서 그리 멀지 않은 데다 인구가 적었다. 2008년 마창대교가 뚫리면 창원까지 이동 시간도 30분 이상 줄어들 터였다. 이 계획이 발표되자 여러 건설사가 뛰어들었다. 마산 시내에 비해 아파트 분양가를 훨씬 낮게 책정할 수 있었으니 충분히 흥행이 된다고 내다봤다. 그 땅 밑바닥에 놀랄 만한 국가적 보물이 숨겨져 있으리란 사실은 아무도 짐작하지 못했다.

2000년 5월 문화재법이 바뀌어 1만 평(약 3만3000제곱미터)

이상 되는 개발구역 중 문화재 매장 가능성이 있는 곳은 어디든 지표조사를 받아야 했다. 진동지구도 여기에 해당해 2002년부터 3년간 집중적으로 문화재 발굴조사를 벌였다. 건설사 측은 지상에 드러난 덮개돌이 없어 대규모 고인돌군 같은 것은 나타나지 않으리라 생각했지만 완전 오산이었다. 흙을 걷어내자 길이 25미터가 넘는 고인돌 수십 기가 위용을 드러냈다.

2004년 12월 16일, 이곳에서 출토된 청동기시대 무덤 22기가 공개되었다. 고고학자들은 감탄했고 오랫동안 아파트 건설을 추진해온 조합원들은 경악했다. 아파트 건축이 무산될 수도 있다는 공포심이 조합원들 사이에 퍼졌다. 공포심은 학자들에게도 있었다. 백제 유적지인 풍납토성(서울 풍납동 소재)이 2000년 5월 재개발조합 주민들에 의해 파괴된 전례가 있기 때문이다. 당시 일부 주민은 굴착기를 동원해 발굴이 채 끝나지도 않은 현장의 유적과 유구를 마구 부수고 흙으로 덮어버렸다. 사유재산권과 유적 보호의 입장이 팽팽히 맞서며 벌어졌던 이 사건이 마산에서 재발되지 말라는 법이 없었다. 한국고고학회는 마산 진동리유적이 온전하게 보존되어야 한다고 성명서를 발표했다.

2005년 10월 초 마산시청 회의실에서 갈등조정회의가 열렸다. 문화재청 관계자와 마산시청 공무원, 문화재 관련 대학교수, 진동 지역 주민들이 참여했다. 각자 주장이 팽팽했고 쉽사리 의견이 모아지지 않았다. 유적을 보존하기 위해선 그 땅을 정부가 모두 사들여야 하는데 비용이 만만치 않았다. 사려는 쪽과 팔려는 쪽의 시세에 대한 의견도 달랐다. 당시 문화재청이 산정한 토지매입비는 대략 270억 원. 문화재청은 2006년도 예산안에 이 지역 토지매입비를 추가 반영해 정기국회에 요청했다. 이는 전에 없던 시도였다. 만약 예산안이 받아들여진다면 아직 사적으로 지정되지도 않은 유적 관련 건이 정규예산에 포함되는 첫 사례를 남길 터였다.

마침내 아파트 사업대상지(약 30만 제곱미터)에 대한 향방이 정해졌다. 보존이냐 개발이냐 하는 양 갈래 길에서 가장 중요한 건 주민 동의와 보상금이다. 문화재청은 진동 지역 매입과 보상을 위해 국고 50억 원을 확보했다. 사업대상지 가운데 청동기시대 유적이 집중적으로 확인된 약 10만 제곱미터에 대해서는 유적 보존을 결정하고, 나머지 땅에는 아파트를 지을 수 있도록 했다. 큰 줄기에서 합의를 보았지만 유적지 보존에 따라 이루어져야 할 설계 변경과 보상 문제는 그 후로도 진통이 계속 되었다. 어쨌거나 2006년 8월 29일 진동리유적은 사적 제472호로 지정된다.

1945년 광복 이전까지 우리나라에는 공식적으로 청동기시대(기원전 1500~300년) 기록이 없었다. 일제의 역사 교육에 의하면 한반도 역사는 철기시대부터 시작되었다. 그러나 해방 후 의문을 품은 학자들이 고대사 유적지를 찾아 나서고 유의미한 유물유적들을 발굴해냄으로써 우리나라에 풍성한 청동기시대가 꽃피웠었다는 사실을 학술적으로 인정받게 되었다. 한반도에서 청동기 역사가 공인받은 시기는 그리 오래되지 않았다. 지금도 남은 숙제가 많다는 뜻이다.

어렵게 발굴한 역사 유적지가 제대로 빛을 보기 위해선 밟아야 할 절차가 많다. 토지에 대한 보상은 그 첫 단계일 뿐이다. 유적을 잘 보존·관리하는 시스템을 갖추고, 건물을 짓고, 주변에 길을 내는 데는 또 다른 예산이 필요하다. 정부의 의지와 의회의 협조에 따라 걸리는 시간도 달라진다. 진동리유적이 사적으로 지정된 건 2006년이지만 일반에 공개된 것은 10년이나 더 지난 2016년 3월 2일이었다. 최근 열린 학술대회에서 진동리유적은 '유래를 찾기 힘들 만큼 밀집도가 높고 규모 역시

진동리유적

크다'는 평가를 받았다. '국내 최대 청동기 유적지'라는 수식어
는 거창한데 그에 비해 지명도는 한참 떨어진다.

여행 리뷰로 유명한 트립어드바이저에서 창원을 검색하면
'진동리유적'은 순위권 밖에 있다. 갈 길이 멀지만 가능성은 무
궁무진하다. 강화, 화순 하면 누구나 고인돌을 떠올리듯, 마산
의 미래를 먹여 살릴 관광 보물도 현대가 아니라 고대에 있을
지 모른다.

마산을 지킨 이름 없는 장수, 지명으로 남다
장장군 묘와 장군동

중학교 시절 집에서 학교까지 가는 길은 마치 골목 탐험 코스 같았다. 집을 나와 대략 5분쯤 지나면 하천 하나를 건너고 좁은 골목을 지나쳤다. 골목 입구엔 무덤이 두 개 있었는데 길 한복판에, 그것도 집 담벼락과 가까이 붙어 있는 무덤의 위치는 아무래도 이상했다. 무덤이라면 응당 산에 있어야 하지 않나? 그러나 친구들 가운데는 그 존재에 관심을 갖는 아이가 없었고 부모님께 물어 간신히 단서 하나를 얻었다.

"옛날에 마산을 지키다 죽은 장군 무덤이라카데."

어머니와 종종 다니던 시장 이름 중에 장군동시장이 있었다. 왜 장군동시장인지 물었더니 장군동에 있어서 그렇다 했다. 동네와 시장에 이름이 붙을 정도면 엄청 유명한 장군이어야 하지 않나? 그런데 골목에 있는 무덤은 '나 찾지 마' 하는 수준이고 크기도 초라하기만 했다. 비석을 읽어봐도 이름조차 없었다. 그냥 '장장군'이라 써 있었다. 훌륭한 장군이지만 누구도 이름은 알지 못하는 장수. 역사에 그런 사람이 있었던가?

세월이 흘러 우리 가족은 장군동으로 집을 옮겼다. 가끔씩 집을 찾아오는 친구들에게 장군동이라 주소를 일러주면 열이면 열 피식거리며 "무슨 이름이 그렇노?"라고 반응했다. 이름의 유래를 물어올 때 내가 해줄 수 있는 답변은 아버지 어머니와 다를 바 없었다. 옛날에 어느 장군이 마산을 지키다 여기서

장군교

돌아가셔서 장군동이라고.

　장군 이름도 모르면서 동네엔 모든 게 '장군'이었다. 동네 이름은 장군동, 마을을 흐르는 하천은 장군천, 그 위 다리는 장군교, 시장은 장군동시장, 약국 이름도 장군약국. 그래도 명색이 장군인데 이름이 없다는 걸 다른 동네 친구들은 이해하지 못했다. 도대체 무슨 사연이기에 군사를 지휘하고 마을을 구한 공적을 남겼으면서도 역사에 이름을 남기지 못한 위인이 되었을까.

　신문 기사를 찾아보면 1920년대 초에 이미 마산 장군천이라는 지명이 나온다. 해방이 된 후 마을 이름을 우리식으로 바꿀 때 통정 1~5정목은 곧바로 장군동 1~5가가 되었다. 해방 이전부터 '장군'이 이 지역을 상징했음을 알 수 있다.

　장 장군에 대한 이야기는 1981년 8월 12일자 경향신문에서 비교적 자세히 다루었다. 신문은 전해 내려오는 이야기를 그대로 받아 적었는데, 요약하면 다음과 같다.

　때는 1374년 공민왕 23년. 고려시대에 중국 쪽 무역항은 개경 근처 벽란도였고 일본 쪽 무역항은 합포(현 마산)였다. 국제 무역항인 만큼 어느 곳보다 물자가 풍부했다. 1274년과 1281년 원정군을 파견해 일본을 벌벌 떨게 했던 원나라는 몇 해 전 멸망한 상태였다. 왜구는 원나라 멸망(1368년) 직후인 1370년부터 74년까지 집중적으로 고려를 침략했다. 이 기간에 침략 횟수가 38건이고 그 중 1374년 4월 합포 침략의 규모가 가장 컸다. 왜선 350척. 합포를 지키던 군인 5000여 명이 사망할 정도로 고려군은 큰 피해를 입었다. 충격을 받은 고려 정부는 조림(趙琳)을 파견해 지역을 지키던 도순문사 김횡(金鋐)을 죽인 후 사지를 베어 여러 도에 보낸다. 당시 패배의 상처가 얼마나 컸고 고려 정부가 이를 얼마나 심각하게 생각했는지를 알 수 있다. 여기까지는 《고려사》에 나오는 기록이다.

경향신문엔 역사에 기록되지 않은 이야기도 더 나온다.

관군이 달아나고 마을이 위기에 처했을 때 농민군이 나타나 왜구에 맞선다. 농민군의 규모는 400~500명으로 백마를 탄 젊은 지휘자의 명령에 일사불란하게 움직인다. 젊은 지휘자는 키가 7척(212센티미터)이나 되고 용모가 수려했다. 갓 스물을 넘긴 나이. 잔다르크를 떠올리게 할 정도로 드라마틱한 등장이 아닌가.

병사들은 그를 장 장군이라 불렀으며 그가 뱃사람 또는 농사꾼이라 추정했다. 양쪽 군사는 개천(장군천)을 사이에 두고 맞섰는데 군사력이 현저히 약했던 농민군은 게릴라전을 펼친다. 여기서 성과를 거둔 것이 소문이 나 의병이 더 모이고 달아난 관군들도 돌아오기 시작한다. 이를 더 이상 지켜볼 수 없다고 판단한 왜구들은 한데 모여 총공세를 펼쳤고, 의병들은 적은 숫자로 전면전을 당해낼 순 없었다. 장 장군과 애마도 함께 최후를 맞이한다.

왜구가 물러간 후 남은 주민들은 장 장군과 애마를 수습해

두 개의 무덤을 만든다. 서울에서 뒤늦게 관군을 끌고 온 어사 조림은 장 장군의 공적을 인정하지 않았다. 공적을 인정하지 않았으니 역사에 이름이 남지 않았다. 역사는 기록하는 자의 몫이니까. 그렇다면 장 장군의 명성이나 흔적 또한 사라졌어야 하는데, 놀랍게도 이름조차 알 길 없는 그의 이야기는 몇 백 년을 살아남아 마을과 하천에 이름을 새기고 무덤도 남아 있다. 신문에선 장 장군이 천한 신분이었기 때문에 당시 지배층이 기록하지 않았을 것이라 추측했다.

장 장군의 활약이 없었다면 합포는 그 때 사라지고 폐허가 되었을지 모른다. 그 현장을 목격한 주민들이, 비록 권력도 없고 역사를 기록할 권한도 없지만 오로지 입에서 입으로 장 장군의 이야기를 전한 건 아니었을까? 그 이야기가 몇 백 년을 이어 끊이지 않고 전해졌다면 참으로 놀랄 일이 아닐 수 없다.

1970년 4월 20일 장 장군 비석이 세워진다. 비문에는 그 자리에 장군과 애마가 같이 묻혔다고 기록되어 있다. 당시 마산 시청과 마산 경로회연합회, 육군 6558 부대가 힘을 모아 묘역을 정리했다. 그러나 역사 교과서에도 한 줄 기록되지 않은 인물 아닌가. 누군가는 마을을 지켜준 고마운 사람이라 기억하려 했지만 누군가에겐 아무 근거도 없는 사람일 뿐이었다. 대로에서 멀찌감치 떨어져 좁은 골목에 있는 장장군 묘는 사람들 왕래가 뜸해 쓰레기를 내다버리기 좋았다. 2000년대 중반 마산시는 지역 내 상습 쓰레기 투기 지역 다섯 군데에 국화 화분을 가져다 놓았는데 그 중 한 곳이 장장군 묘였다.

매년 4월 20일이 되면 마산에선 장 장군 제례를 치른다. 2017년엔 마산합포구청장이 참석했다. 역사에 기록되지도 않은 인물을 대를 이어 기억하는 건 상상하기 힘든 일인데 그 어려운 일이 장군동에서 일어나고 있다. 문득 상상해본다. 1374년, 지금으로부터 640여 년 전에 장 장군 덕분에 목숨을 건진 이들이 아들딸들을 앉혀놓고 다음과 같은 유언을 남기는 것이다.

"장 장군 덕분에 나도 살아남고 너희들도 살아남았다. 우리 목숨은 장 장군 덕분에 얻은 것이니 잊어선 안 된다. 하지만 신분이 미천해 나라에서 상을 내리기는커녕 이름 한 줄 올리지 않으니 우리라도 기억해야 한다. 내가 보고 들은 이야기를 너희에게 알리노니 너희도 자손들에게 꼭 그리 하라."

물론 이것은 다 상상이다. 역사는 항상 기록하는 자가 승자와 패자를 정하지만 때론 예외도 있는 법. 장장군 묘와 장군동은 역사의 또 다른 전승 방법이 있다는 것을 알려준다. 역사에 기록되지 않은 역사적 인물을 어떻게 대해야 할지, 마산의 후손들에게 남겨진 흥미로운 과제다.

역사상 가장 유명한 유학파
최치원과 월영대

부산에서 마산으로 이사해 처음 살았던 동네 이름은 월영동이었다. 얼마 후 이모네 집에 놀러갔을 때 그 동네 입구에 세워진 조선시대 기와집 같은 건물 이름은 월영대라고 했다. 부산에서 한 학기만 마치고 새로 전학 간 학교 이름은 월영초등학교. 마산엔 참 '월영'이 많다는 생각을 했다.

세월이 지나 여기저기서 이야기를 모아보니 결국 다 한 사람과 관련된 이름이었다. 신라시대 대표적인 유학자로 알려진 최치원에 관한 이야기다. 월영대는 통일신라 말기에 최치원이 제자를 가르쳤다는 곳이다. 건물 앞에 비석이 남아 있는데 그 속의 '월영대(月影臺)'라는 글씨를 최치원이 직접 썼다고 한다. 월영동이나 월영초등학교는 거기서 이름을 따온 것이다.

월영대 근처에 있는 오거리는 '댓거리'라 불렀다. 명칭의 유래를 아는 이는 없었지만 소통엔 문제가 없었다. 댓거리를 모르는 마산 사람은 없었다. 시간이 흘러 알아보니 댓거리는 월영대의 '대'와 길을 뜻하는 '거리'를 조합한 말이라고 한다.

마산 앞바다엔 고래를 닮은 모양의 섬(돝섬)이 하나 있는데 여기엔 황금돼지 요괴에 관한 전설이 전해진다. 마산 사람들을 괴롭히던 황금돼지 요괴를 물리쳤다는 이도 최치원이다. 마산의 중고등학교들이 밀집해 있는 산중턱 도로의 명칭은 고운로이며, 무학산 어딘가에는 고운대라는 봉우리가 있었다고 한다. 고운대는 최치원이 유람하며 수양했다고 알려진 곳이다. 그의 발자취를 쫓는 이들 중엔 현재 무학산 학봉이 바로 고운대일 거라고 확신하는 이가 적지 않다. 어쨌든 이 지명들은 모두 최치원의 호 고운(孤雲)에서 따온 것이다. 이쯤 되면 오래전 마산을 만든 이가 최치원이라고 말해도 믿을 것 같지 않은가? 최치원이 은퇴 후 살았다는 별장 합포별서, 1713년(숙종 39년) 최치원을 존경하는 지역 유학자들이 세운 월영서원, 최치원의 영정을 모신 무학산 두곡선원도 다 마산에 있으니 마산은 최치원의 도시라 해도 그리 틀린 말은 아니다.

업적과 인지도는 비례하는 경우가 많은데, 역대 유학자 가운데 최치원은 인지도가 아주 높은 인물이다. 우리나라 유학 역사를 이야기할 때 가장 앞머리에 놓일 인물이기 때문이다. 857년(문성왕 19년)에 태어난 최치원은 12세 때 당나라로 유학을 떠난다. 당나라는 당시 세계에서 가장 크고 번성한 나라였다. 동양의 인재들이 앞 다투어 모이는 곳이었고 최치원도 이른 나이에 험난한 경쟁의 세계에 뛰어들었다. 18세 때 외국인

대상 시험인 빈공과에 합격해 첫 성과를 거둔다. 2년 뒤 강소성 남경시 소재 율수현의 현위에 임명되어 당나라에서 관직생활을 시작한다. 20대엔 회남절도사 고병(高騈)의 밑으로 들어간다. 그 와중에 당나라 말기 최대 농민 반란이었던 '황소의 난'이 일어난다. 60만 대군을 이끈 황소(黃巢)는 수도 장안을 점령할 정도로 위세를 떨치는데, 당시 고병이 황소에게 보냈다는 경고장 〈토황소격문〉의 실제 작성자가 최치원이라고 전해진다. 그의 문장력을 짐작할 수 있는 대목이다.

최치원은 젊고 의욕이 충만했지만 당나라는 이미 바람 앞 촛불처럼 위태로운 정국이라 그의 뜻을 펼치기엔 부적합했다. 885년, 그는 만 28세 나이로 당 희종이 신라 왕에게 내리는 국서를 갖고 귀국한다. 20년 가까이 당나라에 머물렀던 그의 경험을 신라는 가볍게 보지 않았다. 최치원은 당나라 유학파 중 가장 활발한 행정활동을 펼쳤으며, 전국 곳곳에 그가 지방행정 책임자로 머물며 남긴 흔적이 적지 않다.

진성여왕 시절엔 6두품으로서 가장 높이 올라갈 수 있는 벼슬인 아찬에 이르고 개혁 정책인 시무십조를 건의하지만 시행되진 않는다. 최치원이 당을 떠날 때처럼 신라 또한 마지막 숨을 토해내는 중이었다. 양길, 기훤, 궁예, 견훤 등이 나타나 이미 각 지역에서 실력을 행사하고 있었다. 신라는 서라벌(경주) 일대에서만 간신히 영향력을 유지했다.

새로 떠오르는 세력 아래서 뜻을 더 펼칠 수도 있었겠지만 고려 초기 역사에 최치원의 이름은 등장하지 않는다. 그의 은퇴 시기는 정확하지 않다.《삼국사기》에서는 그가 가야산, 지리산 등지를 돌아다녔다 하고, 고려시대 이인로가 쓴《파한집》에서는 머물던 집에 신발 등을 고스란히 남긴 채 사라졌다고 전한다. 혼란한 정국에서 그는 이상하리만치 깔끔하게 사라진다.

이로 인해 신선이 되었다는 이야기도 떠돌았다. 한국 유학계의 선구자로 평가받는 최치원은 도교와 불교에도 능통해 한국 도교계의 우두머리로 불렸다. 이런 점이 '최치원 신선론'에 힘을 더한다. 최치원은 당대에도 유명했지만 고려와 조선시대를 거치며 명성이 더욱 확고해졌다.

유학의 나라 조선은 공자를 모신 사당인 문묘를 만들면서 이 땅 최고의 유학자들을 기리고자 했다. 조선시대판 명예의 전당인 문묘에 들어가기란 아주 까다로웠는데, 신라시대 인물로는 설총(원효 아들, 이두 집대성)과 함께 최치원만 들어가 인간으로서 누릴 수 있는 최고 명예를 얻었다.

최치원은 우리나라 인물이지만 당나라 유학파 출신으로 그곳에서도 관직생활을 했다는 점에서 중국 내 인지도가 높은 편이다. 중국 장쩌민 전 주석은 1992년 한국 국회에서 연설할 때 최치원이 민간외교관 역할을 했다고 발언했다. 시진핑 주석 역시 한중정상회담, 서울대 특강, 중국방문의해 개막식 등 주요 행사 때마다 최치원을 언급하며 그에 대한 관심을 아낌없이 드러냈다.

2006년에는 중국 장쑤성 양저우시엔에 최치원기념관이 생겼다. 중국에 첫 번째로 세워진 외국인 기념관이다. 이보다 6년 앞서 중국 난징시 율수현에서 외국인 동상 제막식이 열렸는데 그도 바로 최치원이다. 이들 도시는 모두 최치원이 관직생활을 했다는 공통점이 있다. 한중 양국에서 이 정도 유명세를 떨친 인물은 흔치 않다.

국내 지자체들도 너나없이 최치원 마케팅에 뛰어들었다. 2015년 7월 23일 전국 8개 시군구가 최치원인문관광도시연합 협의회를 결성했다. 지금은 9개 시군구로 늘었다. 경주시, 군산시, 문경시, 보령시, 부산 해운대구, 서산시, 창원시, 함양군, 합천군이 여기 가입된 지역들이다. 2017년 8월, 이들 지역 중에서 회장 도시로 창원시가 뽑혔다. 최치원 유적지가 잔뜩 모여 있는 마산합포구는 2015년 7월 최치원 유적지 중심의 문학탐방 코스를 짜서 '최치원의 길'이라 이름 붙인다. 2017년 12월엔 창원시청 회의실에서 전국 처음으로 만든 최치원 캐릭터를 공개했다.

우리나라 곳곳에 이름을 남긴 최치원은 얽혀 있는 설화도 많다. 재미있는 점은 중국에도 최치원 관련 설화가 있다는 것. 율수현에 전해지는 쌍녀분 설화가 그것이다. 이는 강제결혼에 반대해 스스로 목숨을 끊은 두 자매가 귀신이 되어 율수현 현위로 있던 최치원을 찾아오는 이야기인데, 셋은 술을 마시고 시를 짓고 노래를 부르며 흥겨운 밤을 보내다 동침을 한다. 산

자와 죽은 자의 연애담이라는 점에서 영화 〈천녀유혼〉이 연상되는 스토리다. 실제로 중국 난징시엔 쌍녀분 비석이 있고 비석 뒷면엔 쌍녀와 최치원의 이야기가 새겨져 있다.

화려한 20대와 30대를 보내고 40대 초반까지 관직생활을 한 그가 마산에 머문 기간은 관직과 전혀 상관없는 시기였다. 세상을 바꾸고자 했던 최치원은 마산에 머물며 과연 어떤 생각을 했을까. 좌절된 꿈에 대한 아쉬움이었을까, 다가올 미래에 대한 희망이었을까. 최치원이 머물던 공간을 둘러보면 혹시 손톱만 한 단서라도 발견하게 될까? 마산은 최치원을 상상하기에 좋은 도시다.

낡은 집 많던 동네 이름에 얽힌 비밀

신마산

초등학교 시절 학교 후문을 통과해 집으로 오면 항상 보게 되는 낡은 집이 있었다. 그 집은 담이 성처럼 높고, 긴 계단을 걸어올라 높은 집 안으로 들어갈 수 있는 구조였다. 도로에선 대문조차 잘 보이지 않고 짙은 어둠이 집 주위를 감쌌다. 사람이 드나들지 않는 집에 대해 아이들은 무척 궁금해했지만 누구도 정답을 알려주지 않았다. 어떤 이는 '귀신이 나온다' 했고 어떤 이는 '사람이 죽은 집'이라 했다. 몇몇 아이들이 탐험대를 조직해 그 집에 들어가려 시도했지만 계단도 다 올라서지 못하고 소리를 지르며 돌아나오기 일쑤였다. 그 시절엔 친구들 중 누구도 몰랐다. 그 건물이 1939년에 만들어져 일제강점기 동안 전기회사 관사*로 쓰였다는 사실을.

1911년 마산에 전기를 도입했던 한일와사전기회사가 지은 건물로, 이 회사는 1939년 경성전기주식회사 마산지점으로 이름을 바꿨다. 현재 남아 있는 관사는 '장군동 주택'이란 이름으로 경상남도근대건축문화유산 지역별DB에 등재되어 있다.

그 건물 말고도 동네엔 나무로 만들어진 낡은 집이 꽤 많았다. 공장처럼 생긴 건물도 있고 2층으로 된 가정집도 있었다. 길을 걸을 때 심심찮게 보였으니 누구도 남다르게 여기거나 신기해하지 않았다. 중학교 땐 한 친구가 "우리집은 판잣집"이라며 키득거리곤 했는데, 지금 생각하면 그 집도 일제 때 만들어진 집이었을 가능성이 높다. 사람들은 흔한 것엔 잘 주목하지 않고 나도 그랬다.

마산을 떠난 뒤 20년 가까이 지났을 때다. 아버지께 고향에 아직도 일본식 집이 남아있는지 물었다가 "아랫동네가 다 일본집"이라는 말을 듣고 깜짝 놀랐다. 일제가 버리고 간 적산가옥은 군산, 목포 등지에만 일부 남아 있을 뿐 마산에선 모두 사라졌다고 생각했기 때문이다. 고향에 내려가 오래전 숱하게 다녔던 길 주변을 다시 살피며 걸었다. 역시나, 일본식 집들이 하나둘 눈에 띄었다. 일본 영화나 드라마에서 흔히 볼 수 있는 구조의 집들이다.

일본식 집은 누가 봐도 특징이 잘 드러난다. 우선 외관이 목조인 경우가 많다. 창문은 살짝 돌출돼 있고, 지붕 경사가 우리 전통가옥보다는 급하다. 내가 본 한 이층집은 그 특징이 아주 뚜렷했는데 옛 삼광청주(일제강점기에 있던 청주 회사) 자리라 했다. 내가 다닌 고등학교 바로 옆 여고는 일제 때 신사 자리였다. 일본식 집에 대해선 마산이 고향인 강봉균 씨가 아주 구체적인 사례를 들려주었다.

"초등학교 다닐 때 잘 놀러가던 형네 집이 있었다. 무서운 할아버지가 살고 있어서 '호랑이 할아버지 집'이라 불렀다. 담벼락이 나무였고 방엔 다다미가 깔려 있었다. 어쩌다 우리가 방에서 뛴 적이 있는데 다다미가 들썩들썩하고 바닥에서 먼지가 펄썩펄썩 났다. 그 때 할아버지가 버럭 소리를 질렀다. 할아버지가 무섭기도 했고 집도 왠지 낯설었다. 이후 걸을 때마다 바닥이 꺼질까 싶어 사뿐사뿐 다녔던 기억이 있다. 왕길병원이라고 있었는데 거기도 건물 내부가 다다미였다."

초등학교에 들어갔을 때 가장 놀란 건 아이들 입에서 수시로 튀어나오던 일본말이었다.

"니 벤또(도시락) 가져왔나. 아, 또 다깡(단무지) 뿐이가."
"○○○ 봐라. 쟤는 잘 살아서 덴뿌라(튀김)도 갖고 온다."
"니, 또 와리바시(젓가락)만 들고 다니제."

다라이(대야), 바께스(양동이), 다마(전구) 같은 단어도 흔하게 들렸다. 이름 첫 자가 '양'인 여학생 한 명은 별명이 다마네기(양파)였다. 아이들 가운데 일본 단어를 쓰는 것에 대해 거부감을 표시한 경우는 없었다. 시절이 그랬고 마산은 더욱 심했다. 일본인들이 마산에 심은 흔적이 꽤 깊었기 때문이다. 그 흔적을 신마산이라는 지명에서 찾을 수 있다.

학창시절 우리 동네를 사람들은 신마산이라 불렀다(반대로 구마산*이라 부른 지역이 있었다). 당시엔 도저히 이해할 수 없는 지명이었다. 새 건물을 보기도 힘들고 새 길이 있는 것도 아닌데 신마산이라니. '신'이라면 새롭다는 뜻인데 아무리 눈을 감았다 떠도 신마산은 새로운 것과 거리가 멀었다.

그 지명의 처음으로 돌아가 보자. 1876년 강화도조약이 체결된 후 부산, 원산, 인천, 목포, 진남포가 문을 열었다. 마산포가 문을 연 건 1899년 5월 1일, 한반도에서 여섯 번째 개항지였다. 개항 후 마산에 일본인들이 밀려들었다. 일본 사람들은 조선인이 주로 살던 지역보다 더 남쪽에 자리 잡았고, 이렇게 새로운 시가지가 만들어지며 '신마산'이란 이름이 생겼다.

신마산 지역엔 주요 관공서들이 자리 잡았다. 월남동 3가 8~11번지는 옛 마산헌병분견대 자리(등록문화재 제198호)로 1926년에 지어졌다. 지금의 경남대 평생교육원은 마산이사청이 있던 곳. 이사청은 일본이 설치한 행정관청이었다. 또 경남대 근처 소공원은 신동공사터로 개항지 내 조계 행정업무를 맡았던 곳이다. 어디 관공서뿐일까. 삼광청주를 비롯해 선일탁주, 칠성주조장 등 주요 술 공장이 신마산에 들어섰고 신마산을 흐르는 창원천의 무학교, 월견교 같은 다리는 1900년경 만들어진

일본인들이 마산에 들어와서 조계지로 개항된 땅을 신마산이라 불렀고 그 외 조선인들이 살던 지역을 구마산이라 불렀다. 대략 옛날 마산 중심가인 창동 남쪽을 신마산, 창동 북쪽을 구마산 지역이라 볼 수 있다.

것으로 알려져 있다.

신마산에 속한 월영동 일대는 일제강점기 대표적인 조계지였다. '조계(租界)'란 외국인이 행정자치권이나 치외법권을 가지고 거주했던 조차지를 말한다. 치외법권이 인정되고 통상이 자유로워 일본인들이 가장 먼저 들어와 살기 시작했다. 당시 러시아영사관이 있던 곳은 현재 월포초등학교로 변했다. 신마산 외곽의 가포에는 일본 지바현의 어부들이 이주해 지바촌이란 이름이 붙었다.

이처럼 신마산 곳곳에 일제 때 흔적이 남아 있지만 주요 건물은 거의 사라졌다. 부스러기처럼 남아 있는 건물 흔적과 기억들이 소멸을 기다리는 중이다. 몇 해 전부터 그 부스러기들을 긁어모아 기억하는 작업을 추진해 지역에 표지석을 열심히 세우기 시작했다. 2011년엔 삼광청주 주조장 철거 현장에서 수집한 물품들을 모아 중앙동문화역사작은박물관을 차렸다. 우리에게 일제와 함께 새겨진 근대 역사는 지워버리고 싶은 나쁜 기억의 시기를 지나 이제 되새김질하는 기억의 시기로 들어섰다. 그때의 건물들은 대부분 사라졌지만 신마산이란 지명은 아직도 널리 쓰인다. 이름에 얽힌 기억의 힘은 그만큼 세다.

한때 청주 생산 1번지

술의 도시

2011년 9월 어느 날 핸드폰을 들여다 보다 우연히 '100년 된 술도가 철거'라는 내용이 눈에 들어왔다. '100년'과 '마산'이라는 단어의 조합에 꽂혔다. 세상에, 너무 익숙한 건물이었다.

1980년대 중반 매일 등하교를 함께 한 친구가 있었다. 우리 집과 학교 사이에 친구 집이 있었는데 하교 때 친구 집 앞에 도착하면 친구는 다시 우리 집까지 나를 배웅했다. 그때마다 마주치던 크고 휑한 건물이 있었다. 덩치로는 눈에 잘 띄지 않는 게 이상했지만 인적이 사라진 건물은 묘하게도 큰 몸을 마을 속에 숨겼다. 문은 굳게 닫혀 있고 누구도 드나들지 않았다. 간판도 없으니 어느 정도 시간이 흐른 뒤엔 있어도 없는 투명인간처럼 느꼈다.

그로부터 20년이 더 지나서야 신문 기사를 보고 건물의 정체를 알았다. 1909년에 만들어져 1925년부터 일본인이 술 공장을 운영했던 건물이란다. 해방 후 한국인 손삼권이 각기 다른 두 공장을 인수해 각각 삼강과 삼광이라 이름 붙였다. 삼강은 한강, 대동강, 압록강을 뜻했고 삼광은 해, 달, 별을 의미했다. 삼강과 삼광은 해방 후 가장 먼저 청주를 만든 상징적인 곳이었으나 1973년 정부의 군소주조업체 통합조치로 문을 닫았다. 내가 친구와 오가며 흘깃거릴 때는 이미 문을 닫고도 10년은 더 지난 때였다.

철없는 10대들의 눈에 그 건물이 중해 보였을 리 없다. 낡고 오래된 것보다는 새것에 더 끌리고 익숙한 목조 건물보다는 철골로 지은 신축 건물이 훨씬 근사해 보이던 때였다. 그런데 그 시절이 터널 끝처럼 까마득하게 느껴지는 나이가 되자 생

삼광청주 술통들

각이 달라졌다. 새것보다 낡은 것, 요즘 것보다 오래된 것에 더 마음이 갔다. 몇 년 동안 아무런 정도 느끼지 못하고 스쳐 지나던 건물이 막상 사라진다고 하자 마음이 울렁거렸다. 시간이 더 흘러 동네를 다시 찾았을 땐 삼광청주 건물은 흔적도 없이 사라지고 거기 있던 물건들만 중앙동문화역사작은박물관으로 옮겨 보관 중이었다. 박물관에 가면 파편처럼 남은 당시의 기록을 볼 수 있다. 한국은행과 거래한 영수증, 술을 담던 큰 통, 지붕을 덮었던 기와, 당시 생산된 술 등. 전시 공간이 아주 좁아 터전도 없이 남은 유물들이 참 쓸쓸하다는 생각이 든다.

이 참에 마산의 술 역사라도 되짚어본다면 의미가 있을 것이다. 1883년 1월 한 일본인 재력가가 국내 최초의 청주 공장

삼광청주 철거 후에
보존된 나무 전봇대

114

을 부산에 세웠다. 얼마 지나지 않아 인천과 서울에도 일본인이 운영하는 술 공장이 들어섰다. 일본 사람들은 조선인과 달리 청주를 좋아했다. 쌀, 누룩, 물을 발효시켜 걸러낸 맑은 술인 청주는 한 번 더 끓여 증류한 소주보다 알코올도수가 약했다. 조선인은 도수가 센 소주를 좋아했지만 일본인 거주민들에겐 청주가 인기였다.

초창기 청주 생산은 부산이 주도했고 뒤늦게 1904년 1월에 마산에도 청주 공장이 생겼다. 청주(淸酒)는 물, 쌀, 기후 세 가지 요소가 맛을 좌우한다. 인근 창원 지역에 넓은 곡창지대가 있고 깨끗한 물과 따뜻한 기후를 자랑하는 마산은 세 가지 조건을 고루 갖췄다고 평가받았다. 1920년 마산에 있던 13개 청주 공장에서 생산한 양은 모두 4400석 규모. 부산의 6300석엔 미치지 못해도 꽤 많은 양이었다. 여기서 '석'은 벼 두 가마니 분량을 가리키는 말로 섬이라고도 부른다.

1926년 7450석의 술을 생산한 마산 청주 공장은 2년 뒤엔 1만1000석을 생산해 부산을 제치고 전국 1위에 오른다. 생산량뿐 아니라 '정종*'은 부산 마산이 최우량' '전 조선에서 품질 좋고 맛 좋기로 유명한 마산 정종'과 같은 평가가 뒤따랐다. 항구와 수산물로 유명한 마산에서 이제 가장 유명한 건 술이라고

당시 조선에서 생산된 일본 청주 가운데 가장 유명했던 상표가 바로 '정종'. 그래서 청주가 정종이 되어버렸다.

할 정도였다. 마산에서 생산한 청주는 경남 지역뿐 아니라 조선 8도와 만주, 일본으로도 진출했다.

　해방 후 일본인들이 물러가자 남은 청주 공장은 한국인들에게 인수되었다. 그러나 세상이 변하자 입맛도 달라져 마산 시내에 17개나 되던 청주장이 1960년대엔 7개로 줄어든다. 전국의 청주 회사 숫자도 29개로 줄어 합성청주 회사 18개를 더해도 47곳이었다. 사람들 입맛이 점점 약주와 청주를 외면해 소주, 맥주, 막걸리 비중이 높아졌다.

　1970년대 들어 정부는 주류업계에 칼을 댄다. '안심하고 마실 수 있는 술을 소비자에게 공급한다'는 명분 아래 가격, 상표, 용기 등을 모두 국세청이 간섭하겠다고 나섰다. 일정 규모를 갖추고 수준 높게 공정을 관리하는 대형 공장이 아니라면 살아남기 힘들었다. 1873년 정부는 주류업체 통합 계획을 발표해 전국의 청주업체를 총 19개에서 11개로 줄이겠다고 밝혔다. 그즈음 세계보건기구(WHO)는 소주나 청주를 만들 때 첨가물로 흔히 쓰던 과망간산가리(과망간산칼륨)와 살리실산이 인체에 해롭다고 발표했다. 살리실산은 청주 보존기간을 늘리고 주질 변화를 막는 방부제 역할을 해 국내 업계에서 널리 쓰이고 있었다.

　이런 환경 변화와 함께 주류 소비 패턴이 바뀌는 동안에도 1970년대 중반까지 마산청주는 만만치 않은 저력을 과시했다. 1970년 3월 3일 국세청은 세금을 가장 많이 낸 법인 50곳과 개인기업 30곳의 명단을 발표했는데, 마산의 양조장 세 곳이 모두 개인기업 명단에 이름을 올렸다. 무학소주(최위승)가 8300만 원으로 5위, 백광양조(이성훈)가 5100만 원으로 9위, 삼광청주(손삼권)가 2900만 원으로 21위였다. 1973년 12월 국세청장이 지방 기업들을 순시할 때도 마산에선 유원산업, 무학, 백광양조 세 곳이 포함되었다.

백광양조는 1974년 11월부터 1975년 5월까지 매주 한 번도 거르지 않고 경향신문에 식품첨가제를 전혀 쓰지 않는다는 내용의 지면광고를 실었다. 공격적인 광고 마케팅으로 보였지만 사실상 마지막 몸부림이었다. 1977년 결국 마산에 마지막 남아 있던 청주업체 백광이 문을 닫는다(1979년에 문을 닫았다는 이야기도 있지만 동아일보 보도에 따르면 1977년이다). 이로써 한때 조선8도에서 유명세를 떨쳤던 마산청주 양조장들이 모두 간판을 내리고 흔적도 없이 사라졌다. 단 백광양조 창업자 이성훈의 이름만은 마산에 있는 경남대학교에 남았다. 1975년에 지은 제3공학과 건물 이름이 성훈관으로, 그가 기증해 만든 건물이기 때문이다.

지역 내 청주업체가 사라졌다고 해서 마산 주류의 맥이 아예 끊긴 건 아니다. 1973년 섬유회사 삼기물산은 마산에 한독맥주 공장을 세운다. 상표명은 이젠벡(Isenbeck). 유럽 맥주 이젠벡과 합작해 전량 수출을 목표로 당시 맥주업계를 양분하던 동양맥주(맥주명 OB)와 조선맥주(맥주명 크라운)에 도전장을 내밀었다. 시작은 호기로웠으나 순조롭게 흘러가지는 못했다. 판매가 원활하지 않아 1974년 10월, 공장 가동 6개월 만에 생산을 중단한다. 논란 끝에 1975년 1월 국내 맥주 판매가 허용되어 3개월 만에 맥주 시장의 15퍼센트를 차지하는 기염을 토했지만 이듬해 부정융자를 받았다는 혐의가 제기되어 관련 직원이 구속되면서 사세가 기운다. 이후 한독맥주는 조선맥주(현재 하이트맥주)에 인수되어 지금까지 마산 공장에서 맥주를 생산하고 있다.

조선맥주 계열사인 일선주조 청주 공장도 이 때 부산에서 마산으로 옮긴다. 한편 1929년 마산에서 가장 큰 양조장으로 설립된 시미즈양조장의 명맥을 지금까지 이어온 회사는 무학소주다. 현재 하이트진로(참이슬), 롯데주류(처음처럼)와 함께 치열한 소주 경쟁을 벌이고 있다.

청주 냄새 진하게 풍기던 도시는 이제 맥주와 소주의 도시로 바뀌었다. 게다가 지역엔 독특한 술 문화를 엿볼 수 있는 통술거리가 있다. 술 공장과 지역색 짙은 술 거리가 공존하는 도시가 한국에 또 있을까? 아마 없을 것이다. 마산은 그런 곳이다.

4·19 혁명 전, 바람이 불다

3·15 의거

초등학교 3학년 즈음이었던 것 같다. 한 친구가 영화를 보러 가자고 친구들에게 제안했다. 당시 지면광고를 하던 공포영화였는데 영화 감상은 핑계고 담력 겨루기를 하자는 거였다. 첫 번째 영화 〈데드십(유령선)〉은 실패로 끝났다. 친구의 입담이 어찌나 좋았던지 "영화를 찍다가 공포에 질린 배우들이 여럿 죽었다"는 말을 듣고는 나서는 아이들이 없었다.

시간이 흘러 친구가 다시 제안했을 때 여러 명이 나섰지만 막상 영화관에 도착한 건 두세 명이었다. 역시 출연자들이 줄줄이 죽어나가고 둘만 살아남는 영화였다. 〈13일의 금요일〉 시리즈 중 하나였던가? 나는 내내 의자 밑에서 눈을 가리고 있었으니 영화 제목도 줄거리도 출연자 얼굴도 전혀 기억에 없다. 다만 영화를 본 극장만 또렷한데 이름이 3·15 회관이었다.

처음엔 이상했다. 영화를 상영하는 곳이라면 당연히 '극장'

이어야 하는데 '회관'이라니, 회관은 모임이나 행사를 여는 곳 아닌가 하고. 그러다 어느 샌가 3·15 회관은 그냥 영화 보는 장소로 익숙해졌다. 동네 아이들에게 3·15 회관이 인기가 있었던 건 개봉영화를 상영하는 가장 가까운 극장이었기 때문이다.

당시 꼬맹이들에게 3·15 회관은 영화나 보는 장소였지만 그 탄생은 그렇지 않다. 3·15 회관은 1960년 3월 15일 마산에서 자유당 정권의 부정선거에 반대해 일어났던 시민 의거를 기념해 지은 공간이다. 한국 현대사 최초의 민주 투쟁으로 기록된 마산 3·15 의거는 전국적인 4·19 혁명을 촉발해 독재 자유당 정권을 무너뜨린 기폭제로서 그 역사성이 아주 크다.

그 이야기를 자세히 해보자. 1960년 3월 15일 4대 대통령

마산 3·15 의거
발원지 표지석

선거가 열렸다. 야당 후보인 조병옥의 급사로 이승만 대통령의 재선이 확실시되었다. 관건은 부통령 선거. 당시 대통령 나이가 이미 86세에 이르러 권력은 언제든지 부통령에게 넘어갈 수 있었다. 자유당이 노골적인 선거 부정을 저질러 자당 소속 이기붕이 득표율 79.2퍼센트로 당선된다(민주당 장면은 17.5퍼센트). 하지만 주변에선 이기붕을 찍은 사람을 찾기 힘들었다. 3월 15일에 당장 마산에서 부정선거를 규탄하는 시위가 열렸다.

4월 11일, 3·15 마산 시위에 참여했던 고등학교 입학생 김주열의 시체가 마산 앞바다에 떠오르며 시위가 한층 뜨거워졌다. 4월 15일, 이승만은 마산 시위에 대해 "공산주의자들에 의해 고무되고 조종된 것"이라는 내용의 담화문을 발표하지만 물에 기름을 부은 격이었다. 급기야 4월 19일, 시위대는 대통령이 머무는 경무대로 향한다.

3·15 마산에서 시작된 부정선거에 대한 분노는 4·19로 마침표를 찍는다. 4월 26일 이승만이 하야 성명을 발표하며 자유당 정권은 막을 내린다. 이후 장면의 민주당 정권이 들어서지만 당시 시민들 사이에서 폭발한 엄청난 요구를 수용하기엔 시간과 능력이 모자랐다. 그 틈을 파고들어 1961년 5월 16일 박정희를 중심으로 한 군사 쿠데타가 일어난다. 길고 긴 군부정치 체제의 시작을 알리는 서막이었다.

비록 3·15에서 4·19로 이어진 시민운동이 좋은 결과로 매듭지어지지는 못했지만 시민들의 힘으로 나쁜 정부에 맞섰던

이 때의 기억은 이후 1979년 부마항쟁, 1980년 광주민주화운동, 1986년 6월 항쟁으로 이어지는 대한민국 민주화 투쟁의 도화선이 된다.

1962년 9월 21일, 막 지어진 3·15 기념관(당시 명칭)엔 당시 최고 권력자로 올라선 박정희 국가재건최고회의 의장*을 비롯해 문교부 장관, 경남도지사, 마산시장 등이 참가해 테이프를 끊었다. 같은 날 그리 멀지 않은 자리에 3·15 의거탑이 세워졌는데 그 앞에서 박정희가 한 말은 3·15에 대한 당대의 평가를 보여준다.

"…절망적인 상태에 빠졌던 한국 민주주의를 기사회생시키고 한 민족의 위대한 민주역량을 만방에 빛낸 일대장거였습니다. …우리 겨레의 한결같은 소원은 이제 또다시 이 나라의 역사에 3·15 마산의거며 4·19 학생혁명, 나가서는 5·16 군사혁명(그땐 이렇게 말했다. 쿠데타가 아니라 혁명이라고)이 필요 없는 착실하고 평화적인 민주발전이 이룩되어야 하겠다는 것임을 본인은 확신합니다."

3, 4대 국회의원을 지낸 정치인 오재영은 대통령 후보에 출마하며 1963년 10월 9일 3·15 기념관 앞에서 강연회를 개최한

다. 당시에 1000명도 넘게 모일 정도로 장소적 흡인력이 높았지만 세상은 순식간에 변한다. 몇 해 뒤 3·15 기념관은 극장 전용으로 용도가 변경되어 이름도 3·15 회관으로 바뀌었다. 마산시는 수익금 일부를 관련 단체에 보조했는데 마침 회관 건너편이 시외버스터미널이라 장사가 잘되었다고 한다.

3·15 회관이 극장으로 본 재미는 쏠쏠했지만 정작 3·15 의거를 기념하는 역사 계승의 측면에서는 실패했다. 3·15를 기리는 마라톤, 백일장, 사이클 행사도 열렸지만 1973년까지만 하고 모두 사라졌다. 회관 뒤편에 3·15 의거 당시 숨진 이들을 기리는 영정이 놓여 있지만 그 사실을 아는 마산 사람도 매우 드물었다.

3·15 의거탑은 위치가 워낙 좋다. 마산 주요 도로인 중앙로에 붙어 있어서 시내를 오고가다 보면 자연스레 눈에 띄었다. 높이도 12미터나 되었다. 반면에 도로에서 쑥 들어가 있는 3·15 회관은 1979년 시외버스터미널이 다른 동네(합성동)로 이전하면서 서서히 인기가 떨어졌고 1995년 폐관한다. 2005년 4월 13일엔 남은 건물마저 철거하고 그 자리에 노인복지관이 들어섰다.

역사의 무게를 모르는 시대가 빚어낸 결과였다. 당시 절대권력자였던 이승만과 자유당에 대한 기억도, 눈에 최루탄이 박힌 채 숨겨간 김주열에 대한 기억도, 더욱이 경무대로 돌격하던 시민들의 함성마저 알에서 깨어 나온 박혁거세의 신화만큼이나 희미하게 잊혀졌다.

　무릇 큰 이야기도 아주 작은 이야기에서 시작되는 법이다. 지금 우리가 누리는 휴식과 여유, 평화라는 결과물이 어떻게 주어졌는지를 차곡차곡 거슬러 올라가다 보면 4·19와 3·15의 민주 정신에 가닿을 수밖에 없다. 문제는 상상력과 역사에 대한 관심이다. 3·15를 상징하는 기념물들은 여전히 마산 도시 곳곳에 남아 있지만 홀로 서 있을 뿐이다. 과연 우리는 어떤 상상력으로 그 기념물들의 가치에 이를 수 있을까, 스토리텔링이 필요하다.

마산 시내에서 쉽게 눈에 띄는
3·15 의거탑

잊어선 안 되는 이름
김주열

3·15 의거 이후 전국적인 4·19 혁명
의 직접적인 도화선이 된 인물은 김주열이다. 전라북도 남원에
서 태어난 김주열은 공부를 잘했다. "집안을 일으켜 세우려면
은행원을 하는 게 지름길"이라는 말을 듣고 마산상업고등학교
에 원서를 내서 합격한다. 합격자 발표는 3월 14일이었지만 다
음날로 예정된 대통령과 부통령 선거 때문에 군중이 모일 것을
염려한 교육청이 16일로 연기한다. 합격자 발표를 코앞에 두고
결국 부정선거가 일어났고 시내에 나간 김주열은 행방불명으
로 처리되었다. 그 소식을 들은 어머니 권 씨가 마산으로 와 아
들을 수소문했지만 발견되지 않았다. 어머니가 집으로 돌아가
던 날, 마산 앞 부두에서 눈에 최루탄이 박힌 시신이 떠올랐다.
신문에 사진이 크게 실렸고 사람들은 분노했다. 이 분노가 전
국으로 활활 타올라 4·19 혁명으로 이어졌다.

세월이 흐르면 무엇이든 옅어지는 법이다. 기억은 퇴색하

고 왜곡된다. 그래서 기념 사업을 하는 것일 게다. 오랫동안 마산에서도 3·15의 의미가 슬금슬금 퇴색해갔다. 공업도시로 쭉쭉 내달릴 때는 그 기세에 밀렸을 테고, 도시가 급속히 쪼그라들 때는 챙길 여유가 없었을 것이다. 1985년 김주열이 묻힌 남원 묘소 주변에서도 일이 벌어졌다. 한국전력에서 송전선 철탑을 짓겠다며 묘지 이장을 요구한 것이다. 설계 변경을 요구한 유족에게 한전 측이 내민 답변은 "그렇게 하면 사업비가 증가한다"는 것이었다.

역사는 돌고 돈다 했던가. 최근 들어 지역에선 조금씩 3·15의 기억을 복원해가는 중이다. 2003년 3월 3·1 민주묘지를 만들었다. 3·15 묘지에 있던 희생자 유해를 이장하고 과거 3·15 회관 옆 봉안소에 있던 영정도 옮겨 왔다. 2008년 5월 20일에는 문화예술 공연장을 열어 3·15 아트센터라 이름 붙였다. 2005년 12월 20일엔 옛 경전선 철도 부지를 활용해 만든 중심도로인 중앙로를 3·15 의거길로 이름을 고쳤다. 늦었지만 1995년 4월 11일엔 마산상업고등학교(현 용마고)가 고 김주열에게 명예졸업장을 수여했다. 김주열이 살아있었다면 그의 나이 지금 74세다.

박정희 정권의 막을 내리다

부마항쟁

2018년 3월 21일, 문재인 대통령이 발의했다가 국회 미처리로 끝내 폐기된 대통령개헌안의 헌법 전문에는 우리 현대사에 일어났던 세 가지 주요 민주화운동의 이념이 명시되었다. 5·18 광주민주화운동, 6·10 항쟁 그리고 부마항쟁이다. 이 개헌안이 공개된 날 하루 종일 포털 검색어 상위에 부마항쟁이 이름을 올렸다. 그만큼 시민들에게 잘 알려지지 않았다는 뜻일까? 부마항쟁은 5·18 광주민주화운동이 일어나기 전인 1979년, 부산과 마산 지역에서 박정희 정권의 유신체제 철폐를 주장하며 전개된 민주화운동을 말한다.

부마항쟁이 일어나던 그 해, 나는 초등학교 1학년이었다. 골목에서 시간 가는 줄 모르고 도랑 건너기, 곤충 잡기, 딱지치기나 하던 아이가 사각으로 구획된 교실에 들어가 차렷, 경례를 하고 정해진 시간에 맞춰 수업을 받는 건 아무래도 어려운 일이었다. 왜 그랬는지 그 때는 반 아이들끼리 모여 패싸움도

하고, 수업 시작 전 교실 뒷문을 걸어 잠가 지각한 친구를 골탕
먹이는 악동들도 있었다. 나 역시 패싸움 중에 살짝 상처가 나
고 악동 같은 친구 녀석 때문에 강제로 수업에 빠지기도 했다.
돌이켜보면 나의 초등학교 1학년 시절이 좋았다거나 나빴다거
나 하나로 평가할 수 없다. 다만 뭔가 혼란스럽고 낯선 상황에
처해 막연히 두려움을 느낀 시절이었던 것 같다.

　초등 1년생의 어수선함만큼이나 시절도 하 수상했다. 1979
년 10월 3일, 여당인 공화당은 제1야당 당수인 김영삼에 대한
징계사유서를 발표한다. 뉴욕타임스에 정부를 비판하는 인터
뷰를 실어 국헌을 위배하고 국회 위신을 손상시켰으며 인터뷰
를 위해 국회의원의 지위와 특권을 남용했다는 이유에서다. 민
주 국가에서 정치인의 입을 막으려는 있을 수 없는 일이었지만
여당은 이미 승부수를 띄운 상태였다.

　상황은 긴박하게 돌아갔다. 먼저 1979년 9월 28일, 공화당
은 소속 의원들의 외국여행을 금지한다. 전체 의석수 230석 중
여당 몫은 160석. 김영삼 국회의원 제명결의안을 통과시키기
위해 여당이 확보해야 할 최저 의석수는 154개로 7명만 불참
해도 결의가 어려운 상태였다. 이에 공화당은 10월 3일 징계사
유서를 발표하고 바로 이튿날에 속전속결로 안건을 처리한다.
아침에 징계안을 본회의에 보고하고 법사위 회부, 법사위 심
의를 진행시킨 후 오후 2시 반에 여당 단독으로 국회 본회의를
열어 안을 통과시켰다. 160명 소속 의원 가운데 병으로 누워

있는 한 명을 빼고는 159명이 출석해 16분 만에 표결을 끝내고 전원 찬성으로 김영삼의 제명을 결의했다.

어쨌거나 제1야당 당수를 국회에서 제명했으니 야당의 기세가 한풀 꺾일 것으로 여당은 관망했다. 하지만 오판이었다. 국회 외에도 지켜보는 시민의 눈이 많았다. 1979년 10월 15일, 부산대학교 학생들이 맨 먼저 나서서 민주선언문을 발표한다. 이튿날 부산 지역 학생 5000여 명이 반독재 시위를 진행한다. 또 이틀 뒤엔 마산과 창원으로 시위가 확산된다. 시위 규모는 점점 커졌고 정부와 여당은 깜짝 놀란다. 20일 낮 12시 마산과 창원 일대에는 위수령이, 부산 지역에는 계엄령이 발동된다. 정치인의 입에 이어 시민들의 입도 틀어막겠다는 의도였다.

당시 마산 지역에 내걸린 담화문에는 정부가 이 상황을 어떻게 바라보았는지가 잘 드러나 있다.

친애하는 마산시민 여러분, 마산시 일원의 일부 학생과 불순분자들의 난동과 소요로 우리 군은 마산시의 안녕과 질서를 유지하고 시민의 재산과 생명을 보호하기 위하여… 시민 여러분께서는… 데모군중으로 오인되어 체포되는 피해를 당하지 않도록 주의하여… 우리 군은 데모대 주위의 모든 군중을 시위군중으로 판단하고 전원 연행하겠습니다.

계엄령과 위수령에 따라 부산에서 1058명이 연행되고 66

명은 바로 민사 또는 군사재판에 넘겨졌다. 마산에서도 505명 연행, 59명이 재판에 넘어갔다. 박정희 정부는 강수에 악수를 두면서 시민들의 불만을 억누르려 애썼지만 쉽게 가라앉을 분위기는 아니었다. 강한 물줄기를 막고 있던 뚜껑이 열리면 다시 닫기 위해서는 몇 배의 힘이 필요한 법이다. 결국 정권 내부에서 수습책에 대한 이견이 발생했고 그 달 26일 측근인 김재규가 박정희를 죽이면서 18년 장기집권이 막을 내린다.

그 뒤 운이 나쁘게도 또 다른 군사정권이 등장했기 때문에 부마항쟁과 뒤이은 5·18 광주민주화운동의 성과에 의문을 표시하는 이들도 있다. 하지만 한 번 금이 간 물건은 아무리 땜질을 해도 원상태로 돌아가지 못하는 법. 박정희에 이은 전두환, 노태우 군사정권 시대도 결국 끝이 안 좋게 막을 내렸다.

2018년 오늘을 살아가는 성인의 눈으로 초등학교 1학년 시절의 그 어수선했던 정치 상황을 돌이키자니 기억나는 장면은 단 한 가지다. 평생 대통령으로 군림할 줄 알았던 사람의 갑작스런 장례식 장면이 TV로 생방송되고 그 모습을 망연자실하게 지켜보던 부모님의 침묵. 당시 소감을 한참 뒤 어머니에게 물었더니 "글쎄, 그냥, 죽었으니 죽었는갑다 했지 뭐." 하셨다. 세상은 떠들썩했지만 대다수 시민은 그렇게 제 할 일이나 하며 조용히 하루하루를 살았을 것이다. 그 하루하루가 쌓여 당시 사람들이 간절히 바란 미래인 오늘, 민주주의가 한층 성숙한 사회에서 우리는 이렇게 살고 있다.

만나면 씨름 얘기, 야구 얘기
스포츠

중학교 체육수업 때였다. 수업을 받던 아이들의 눈길이 일제히 한 곳으로 향했다. 자동차 한 대가 운동장을 가로질러 연단 앞에 서고 곧이어 한 사람이 내렸다. 교장인가 교감인가 꽤 높은 선생님이 마중을 나왔다. 한 아이가 외쳤다. "와, 이만기다." 어디에나 돌아가는 소식에 빠른 사람이 있다. 한 아이가 아이들에게 뉴스를 전했다. "장학금 주러 왔단다."

당시에 마산 사람치고 씨름 얘기를 하지 않는 이는 드물었다. 아니, 씨름 얘기를 하지 않거나 관심이 없다면 마산 사람 자격이 없었다. 마산 아이들은 초등학교 때부터 운동장 모래판에서 씨름을 즐겼다. 들배지기, 배지기, 안다리걸기, 밭다리걸기, 오금당기기 같은 씨름 용어에도 익숙하고 어설프지만 화려한 기술도 곧잘 구사했다. 다 이만기 때문이었다.

씨름 경기는 체중에 따라 백두급, 한라급, 금강급, 태백급으로 나뉘고 100킬로그램이 넘는 백두급이 가장 강하다는 게 중론이었다. 1983년 각 체급별 강자들이 나와 무제한으로 겨루는 제1회 천하장사대회가 열렸을 때 누구나 백두급에서 우승자가 나오리라 예상했다. 언론에선 우승 후보로 이런저런 이름을 내걸었다. 205센티미터 '인간 기중기' 이봉걸, 1982년 대통령기 대회 우승자였던 홍현욱, 장사씨름대회 우승자 이준희, 173센티미터 키로 이봉걸을 꺾고 대학부 정상에 선 이승삼 등이다.

그런데 막상 판이 벌어지자 이변이 일어났다. 우승 후보도 백두급도 아닌 '한라장사 이만기'가 화려한 기술씨름으로 제1회 천하장사 우승 타이틀을 차지한 것. 다들 말도 안 된다는 반응이었다. 그만큼 환호했고 순식간에 전국구 스타로 떠버렸다. 1985년까지 3대와 5대를 빼고 2, 4, 6, 7대 타이틀을 차지하면서 이만기는 변수가 아닌 상수가 되었다. 그는 씨름계 황제로 등극했고 나머지는 모두 그에게 달려드는 도전자였다.

다윗을 이긴 골리앗, 기대치 않은 신예의 반란, 화려한 기술, 수려한 외모로 관중을 사로잡은 이만기는 이후 실력으로 씨름을 국민 스포츠 반열에 올려놓는다. 마산에서 천하장사대회가 열리면 전국에서 채널 고정, 남녀노소 할 것 없이 누구나 씨름 방송을 봤다. 설령 씨름에 관심 없는 이라도 기세에 눌려 다른 채널을 보자는 말은 차마 하기 힘든 분위기였다. 당시 마산 지역의 씨름대회 시청률 조사를 따로 했다면 놀랄 만한 수치가 나왔을 것이다.

학교 선생님 중에도 씨름대회 시즌이 시작되면 수업 제쳐 놓고 신나게 씨름 얘기를 해주던 분이 있었다.

"너거들은 이만기밖에 모르재. 김성률이라고 있는데 한 번도 진 적이 없는 사람이다. 얼마나 대단했는데, 이만기보다 더 화려했다 아이가. 그 사람이 마산 씨름을 다 만들었다."

씨름대회가 열리면 거의 이변 없이 이만기의 승리로 끝났지만 그 이변 없음을 확인하기 위해 사람들은 TV 앞으로 모였다. 반 전문가가 다 된 아이들은 이번엔 이준희가 강하다느니, 이승삼이 칼을 갈았다느니, 홍현욱이 기세가 좋다느니 하면서

마산의 길 이름 중엔 천하장사로도 있다.

판세를 분석했다. 제3대 천하장사 타이틀은 지루한 샅바싸움을 벌인 장지영이 차지했지만 사람들은 그건 씨름이 아니라며 인정하지 않았다.

마산에서 인기 있는 스포츠라면 씨름이 넘버원이었지만 야구도 만만치 않았다. 마산고와 마산상고(현 용마고)는 전국대회 상위권에 꾸준히 이름을 올렸다. 마산 시민들도 취향에 따라 마산고와 마산상고를 응원하는 팬으로 갈렸다. 1982년 봉황대기 전국고교야구대회에선 마산고가 우승을 차지했다. 같은 해 프로야구가 시작된 뒤론 마산야구장에서 프로야구 경기도 종종 열렸다. 관객은 적어도 응원 열기만큼은 부산을 뛰어넘는다는 평가를 받았다.

고등학교 땐 모교에 배구부가 있었다. 어느 날인가 수업을 중단하고 모두 버스를 타고 전북 익산으로 떠났던 기억이 있다. 소풍, 운동회 같은 이벤트도 없는 평일에 하루 수업을 중단한다는 건 놀라운 경험이었다. 그날 우리는 전국대회 결승전에서 우리 학교를 응원했다. 전교생이 동원된 놀라운 전세버스 응원 덕분인지 모교인 마산중앙고가 대전중앙고를 꺾고 첫 우승을 차지했다.

야구와 배구뿐 아니라 마산엔 농구를 잘하는 학교도 많았다. 1989년 농구협회장기 대회에선 마산고가 우승을 차지했는데 에이스인 김영만이 39점을 넣었다. 김영만은 프로 무대에 진출해서도 최정상급 슈터로 이름을 날렸다.

내가 프로야구 어린이회원에 가입한 건 프로야구가 시작된 1982년이었다. 당시 학교엔 야구선수 이름을 줄줄 외는 아이들이 많았다. 쉬는 시간엔 편을 갈라 야구를 했고 각자 좋아하는 선수 이름을 따서 별명을 붙였다. 1루수는 OB(현 두산) 신경식을 흉내 내 기회만 되면 다리를 쫙 뻗으려 했고, 유격수는 '여우' 김재박을 흉내 낸다며 요란하게 스텝을 밟았다. 투수는 박철순의 폼을 따라한다며 투구하는 다리를 들어 올리다 자빠지기 일쑤였다. 세월이 한참 흘러 아홉 번째 프로야구단 NC다이노스가 마산을 연고지로 창단되었다. 2011년에 뒤늦게 창단했지만 금방 강팀 대열에 올랐다. 전체 10개 구단 가운데 2017년 4위, 2016년 2위, 2015년 3위, 2014년 3위를 기록했다. 새 야구장을 진해로 옮기는 문제를 두고 말들이 많았지만 마산야구장 옆에 새 야구장을 짓는 것으로 일단락되었다.

아쉽게도 씨름의 인기는 수그러들었다. 누군가는 이만기와 강호동이 씨름판을 떠났기 때문이라고 말하기도 한다. 축구에선 1994년 월드컵과 2002년 월드컵에 각각 지역 출신 신홍기와 최성용이 선발되었고, 경남을 연고지로 한 프로축구단 경남 FC가 창원축구센터를 홈구장으로 쓰며 축구 열기를 잇는 중이다. 스포츠 열기가 공기처럼 흐르던 곳이 마산이었고 다들 그 공기로 숨을 쉬며 마산이란 지역의 색깔을 만들어갔다. 스포츠에 미친 도시, 그게 바로 마산이었다.

고입시험 커트라인 전국 1위,
아름다운 금메달이었을까?

마산고와 중앙고

중학교 2학년에 올라간 어느 날 선생님
이 다소 엄한 하교 훈시를 했다. "이래가 안 된다. 내일부터 등
교 시간을 7시로 하니까 그리 알아라." 아직 날도 환하지 않은
시각에 일어나 학교 갈 준비를 했다. 비몽사몽으로 가방을 둘
러메고 집을 나섰다. '북한에서 한다던 별보기운동을 우리가
하고 있구나'라는 생각을 아침마다 했다.

그 시절 마산에선 대입보다 고입이 더 어렵다는 말들을 했
다. 그럴 만도 했다. 200점 만점 시험에 커트라인이 항상 170점
안팎인 곳이 마산이었다. 반에서 10등 성적도 고입 합격을 장
담 못했다. 이른 등교와 야간학습에 지친 학생들이 수업에 열
의를 보이지 않으면 선생님들은 종종 엄포를 놓았다. "대학 재
수야 다 하는 거니까 부끄럽지 않지만 고등학교도 못 가서 재
수하면 부끄러워 어찌 살끼고."

1995년에 치른 1996년도 고등학교 입학시험에서 합격선은 서울이 117점, 부산이 조금 더 높은 124점이었다. 마산은 어땠을까? 남자가 175점, 여자가 170점이었다. 고입 커트라인이 대략 부산보다 50점, 서울보다는 60점이나 높았다.

1980년대에도 사정은 비슷해 교사, 학생, 학부모가 모두 고등학교 입시에 전력투구했다. 중학교에 입학하고 얼마 후 첫 시험을 치렀는데 복도에 1등부터 100등까지 이름이 나붙었다. 여기에 이름이 걸린 학생들은 싹수가 보인다는 뜻, 그렇지 않은 아이들은 바짝 긴장하라는 엄포였다. 아직 초등학생 티를 벗지도 못한 아이들은 이처럼 노골적으로 서열화된 성적 앞에서 당혹해하지 않았을까.

내가 다니던 학교에선 월말시험이 끝나면 반별로 등수를 매겼고 등수가 떨어진 반은 전체기합을 받았다. 물구나무를 서서 땀 흘리면 면제를 받는 기합이었다. 땀을 쉽게 흘리지 않는 아이들은 "요령을 부려서 그렇다"며 선생님에게 더 혼이 났지만 어찌 그렇기만 했겠는가. 당시엔 땀을 잘 흘리는 체질인 아이들이 그렇게나 부러웠다. 한 번은 우리 반 성적이 심하게 떨어진 적이 있었다. 담임은 학생을 정확히 반으로 나눠 서로 뺨을 때리게 했다. 평소에 같이 밥을 먹고 운동장에서 뛰어놀고 웃고 지내던 친구의 뺨을 때리고 맞는 기분은 요상했다. 그 모욕감과 아픔을 다시 겪지 않기 위해서라도 필사적으로 성적을 올려야 했다.

반 내에서도 경쟁은 필수였다. 월말시험이 끝나면 모든 학생의 등수가 공개되고 우리 반에선 정확히 반을 갈라 상위 절반과 하위 절반을 1대 1로 붙여서 짝을 맺어주었다. 상위 절반이 하위 절반을 가르쳐서 전체 성적을 끌어올리라는 담임의 뜻이었다. 하지만 하위 절반에서 상위 절반으로 올라가는 학생이 있으면 반대로 상위 절반에서 하위 절반으로 떨어지는 아이도 생기기 마련이다. 반 성적이 오르든 내리든 누군가는 승리감을 맛볼지라도 누군가는 반드시 패배감을 맛보게 된다. 승리감과 패배감이 흙탕물처럼 뒤섞이는 묘한 3년을 마산의 중학생들은 공통으로 보냈다.

마산의 고등학교 입학시험 커트라인은 인근 창원에 비해서도 압도적으로 높았다. 초중고를 옛 창원과 마산을 오가며 나와 지금은 통합창원시에서 교사 활동을 하는 백명기 씨는 "심하게 말하면 당시 마산과 창원 입학 점수가 두 배 정도 차이가 났다"고 회상했다.

마산의 고입시험 합격선이 비정상적으로 높은 건 마산 지역 고등학교의 상위권 대학 합격률이 매우 높았기 때문이다. 마산 내 고등학교에만 들어가면 마음에 드는 대학에 진학할 수 있다는 희망 때문에 마산과 인근 도시, 농촌에 있는 학생들까지 필사적으로 매달렸다.

마산은 고등학교 입시 평준화 지역이었기 때문에 이런 과열 현상은 의아한 데가 있다. 일정 성적 이상이 되면 추첨을 통해 진학하는 평준화 지역은 학교 간 서열이 없었다. 어느 학교에나 들어가기만 하면 되었다. 그에 비해 성적순으로 지원하는 비평준화 지역은 고등학교 서열이 고스란히 드러났다. 성적순으로 지원하기 때문에 1등 학교, 2등 학교, 3등 학교가 분명해졌다. 그런데 마산은 평준화 지역인데도 분위기가 달랐다. 중학교에서부터 높은 학력 경쟁을 이끌어내 그 힘을 고등학교까지 쭉 이어가서 대학교 입시로 반영하는 분위기가 있었기 때문에, 비록 학교 서열이 공개되지는 않았으나 마산 사람들은 암암리에 시내 고등학교 서열을 매겼다. 그것은 곧 서울대 합격자수로 가름되었다.

물론 인구에 비해 마산 내 인문계 고등학교 수가 적은 것도 경쟁이 센 원인이었다. 이상하게도 인구와 중학생 수가 늘어나는 만큼 고등학교 숫자는 늘지 않았다. 게다가 마산의 고등학교들은 인근의 경쟁자를 항상 의식했다. 바로 진주다. 매년 대학입학고사가 끝나면 진주 고등학교들과 서울대 합격자수를 비교했다. 자리는 부족하고 모든 분야에 있어 경쟁이 체질화되어 있었으니 고입 커트라인이 이상할 정도로 높은 것도 당연했다.

문제는 마산 내 고등학교 입학에 실패했을 경우다. 당시 마산 내 고등학교엔 마산 학생뿐 아니라 창원, 진해, 인근 함안, 의령, 창녕 같은 지역에서도 지원했다. 공급에 비해 수요가 너무 많았다. 마산 내 고등학교에 진학하지 못한 아이들은 2순위로 창원을 택했다. 창원 고등학교들은 마산에 비해 성적이 많이 떨어졌기 때문에 고등학교를 창원으로 간다는 것을 마산 사람들은 귀양이라도 가는 것처럼 받아들였다. 높은 고등학교 입시 커트라인은 마산과 인근 지역 학생, 학부모들을 옥죄는 사슬이었지만 모순되게도 마산을 떠받치는 자존심이기도 했다. 전국에서 제일 높은 고입 커트라인, 인근 지역에 비해서도 월등히 높은 점수를 내밀며 '마산이 최고'라는 자부심을 은근히 내비쳤다.

물론 이제 다 옛일이 되어버렸다. 창원과 마산의 학군이 분리된 이후 창원 중학생들은 더 이상 마산 지역 고등학교로 진학하지 않는다. 인근 시군 중학교에서 공부 잘하는 아이들이 마산으로 유학 오는 일도 사라졌다. 한때 지역 명문고 다툼을 벌이며 매년 서울대에 50명 이상씩 보내던 마산고와 중앙고 두 학교도 2000년대 중반을 지나면서는 5명을 보내는 것도 버거워졌다. 한때 지역에서 비슷한 지위에 있던 경복고, 경남고, 순천고 또한 비슷한 상황에 놓였으니 지역 명문고의 평준화는 이루어진 셈이다. 이제 그 자리를 과학고와 외국어고가 대신한다는 게 아이러니긴 하지만.

바다를 담은 그 오묘한 맛이라니…
미더덕

마산을 대표하는 음식 가운데 어린 시절 가장 많이 먹은 건 단연코 미더덕이다. '미'는 물(水)의 옛말. 물에 사는 더덕이라고 해서 미더덕이다. 흔하게 먹었던 된장국엔 미더덕이 제 안방인 양 들어가 있었고 미더덕찜도 꽤 자주 먹었다. 아귀찜 먹은 횟수에 비할 바 아니었다. 때로는 생 미더덕을 초장에 찍어먹기도 했다. 이른바 미더덕회.

미더덕은 딱딱한 머리 부분과 주홍빛 속살 부분으로 나뉘는데, 속살을 베어 물면 살짝 짠 맛과 함께 상큼한 바다향이 피어올랐다. 보통 딱딱한 머리 부분은 뱉어내는데 나는 거기가 더 맛있었다. 질기고 딱딱한 부분을 씹을 때의 느낌이 재밌고 조금씩 흘러나오는 즙이 맛있었다. 음식 실험을 즐겨 기상천외한 요리를 자주 내놓던 어머니는 잡채에 미더덕을 넣기도 했다. 미더덕은 적어도 마산의 밥상에선 필수 재료였고 어느 음식에나 잘 어울렸다.

　마산을 떠나 서울에 갔을 때 가장 그리운 건 미더덕이었다. 묘하게도 아귀찜 식당은 많은데 아무리 두리번거려도 미더덕찜을 파는 곳은 드물었다. 마산을 대표하는 음식은 아귀찜이 아니라 미더덕찜이라 생각했기에 이런 편중을 이해하기 힘들었다. 사실 미더덕은 호불호가 갈리는 재료라 초심자가 먹으면 당황할 수 있다. 갓 요리한 미더덕을 잘못 깨물었다간 속살이 터지면서 나오는 뜨거운 국물에 "앗, 뜨거" 하며 놀라기 일쑤다. 중화권의 유명한 만두요리인 샤오롱바오(小籠包)를 떠올리면 이해하기 쉬울 것이다.

　서울에서 자리를 잡고 어느 날 지인들을 불러 저녁식사 자리를 마련했다. 그 때 집들이 요리로 떠오른 게 미더덕찜. 숱하게 먹기만 했지 한 번도 내 손으로 만들어본 적 없는 요리였다. 어머니께 전화를 걸어 "미더덕찜 어떻게 만들어야 해요?" 하고 물었다. 늘 신중하고 핵심을 요약해서 잘 설명하시는 어머니는 웃음만 흘리며 쉽게 말을 꺼내지 못했다. 말하진 않았지만 '네가 그걸 한다고? 쉽지 않을 텐데'라는 느낌으로 다가왔다. 그 때 전해들은 요리법은 기억나지 않지만 딱 한 대목은 선명하다. "그거 일일이 바늘로 터트려야 된다. 안 그러면 먹기 힘들 거다."

　애초 다양한 집들이요리를 구상했지만 생각보다 훨씬 많은 미더덕을 일일이 바늘로 찔러가며 물을 빼느라 계획은 엉망이 됐다. 미더덕찜만 덩그러니 저녁 밥상에 올랐고 그마저 맛이 밍밍했다. 어머니가 어색한 웃음을 흘린 이유를 알게 되었다. 미더덕은 맛있는 음식이지만 초심자가 도전하기에 간단한 식재료는 아니었다.

> 미더덕은 내 고향 마산 앞바다에서만 난다. 폐수로 오염된 요즘은 천연 미더덕은 죽고 양식 미더덕밖에 맛볼 수 없지만 그나마 미더덕을 통해 고향의 아지랭이를 기억의 저쪽에서 피워 올린다. 고향엘 가면 어머니는 두 말 않으시고 미더덕 찌개나 미더덕 국을 만들어 주신다.

소설가 김병총이 1978년 동아일보에 쓴 글이다. 그 해 정부는 각 지역별 고유음식을 무형문화재로 지정하기 위한 작업에 나섰다. 경상도에선 진주비빔밥과 함께 마산미더덕찜이 후보에 올랐다. 미더덕찜이 마산을 대표하는 음식으로 공인받은 셈이다.

마산 대표 음식이긴 하지만 김병총이 말한 것처럼 70년대 말에 이르면 자연산 미더덕은 더 이상 보기 힘들고 그 자리를 양식 미더덕이 채웠다. 자연산 미더덕 맛을 아는 사람들은 아쉬워했지만 양식으로 대량생산이 가능해 미더덕이 전국 식탁에 오르기는 더욱 쉬워졌다. 미더덕 양식화와 함께 마산은 대한민국의 '미더덕 수도'가 된다. 전국 미더덕의 70퍼센트가 마산에서 공급되니 그에 관해선 충분히 '어험' 할 만했다.

그런데 서울에서 우연히 미더덕찜을 맛본 어느 날 당황스러움을 숨길 수 없었다. 맛이 달랐다. 속살이 없었다. 전체가 딱딱한 머리 부분이고 그 맛도 훨씬 부드러웠다. "미더덕이 이상한데?"라고 했더니 주인은 "미더덕 맞는데. 그럼 뭐야? 이게 미더덕이 아니면?"이라며 태연하게 반문했다. 서울 생활을 하며 그렇게 오만둥이(주름미더덕, 흰 멍게)라는 또 다른 식재료를 알게 되었다.

여기저기서 막 자라 오만 곳에 붙어 있다고 해서 이름에 '오만'이 붙은 오만둥이는 얼핏 보면 미더덕과 비슷하지만 자세히 보면 다르다. 미더덕이 오만둥이보다 크고 꼬리도 있다. 속살이 있고 없고가 가장 큰 차이다. 가격은 미더덕이 오만둥이보다 훨씬 비싸다. 식당들이 단가 측면에서 오만둥이를 쓸 수밖에 없다는 생각이 들었다. 단지 가격 탓으로만 돌릴 수 없는 이유도 있다. 진짜 미더덕 맛을 본 서울 지인의 반응은 별로였다. 미더덕 살을 특별히 맛있게 느끼지도 않았고 깨물었을 때 튀는 뜨거운 물에도 거부감을 보였다. 이런 고객 반응이 쌓이면서 식당들도 자연스럽게 비싼 미더덕 대신 오만둥이를 쓰게 된 게 아닐까 하는 생각도 든다.

재미있는 건 지금은 버젓이 식탁에 올라 맛 자랑을 벌이지만 얼마 전만 해도 미더덕이나 오만둥이가 바다의 해충 같은 취급을 받았다는 사실이다. 굴, 조개 등 어패류가 있는 곳엔 미더덕도 같이 사는데 어민들은 이들이 서로 플랑크톤 먹이 경쟁을 벌인다고 생각했다. 미더덕이 많이 살면 살수록 다른 어패류의 먹이가 줄어들기 때문에 해롭다고 판단한 것이다. 그래서 미더덕은 납작벌레나 불가사리와 같은 취급을 받았다. 1998년 수협중앙회가 해적(海賊)생물로 분류된 미더덕을 합법적으로 양식할 수 있게 규칙을 개정하려 하자 남해안 굴양식업계가 크게 반발한 것은 당연한 일이었다.

하지만 미더덕과 오만둥이는 뛰어난 해양정화 기능이 있고 무엇보다 굴과 먹이 경쟁을 하지 않는다는 연구결과가 나오면서 오명을 벗게 된다. 1999년 정식 양식 품종으로 인정받은 미더덕은 비로소 날개를 달고 전국 식탁으로 진출한다. 마산시는 2005년 제1회 미더덕축제를 열었다. 손가락질 받던 미더덕의 환골탈태. 미더덕이 신데렐라가 되었다.

소동파가 극찬한 궁극의 맛
복어

대략 2000년 전후였다. 서울에서 마산에 내려가면 자주 만나는 후배가 있었다. 그는 호탕하고 시원시원한 성격으로 술을 아주 잘 마셨고, 독한 술에도 결코 취하는 모습을 본 적이 없었다. 그렇게 마시고도 다음날 멀쩡한 이유가 궁금해서 어느 날은 만나자마자 물었다.

"너는 술 마시고도 괜찮니?"
"그럼요, 저는 비밀무기가 있습니다. 오늘 그 무기 한번 보시렵니까?"

후배 말을 믿고 그날은 마음 놓고 '달렸다'. 소주를 세 병은 마셨던 것 같다. 이미 주량을 한참 넘긴 상태. 꽤 야심한 새벽에 후배는 해롱거리는 내 손을 잡고 마산 바닷가 쪽으로 이끌었다. 너무 늦은 시간이라 장사하는 곳이 있을까 싶었는데 후배의 발걸음은 망설임이 없고 놀랍게도 그때까지 불을 켜고 있던 많은 식당들 중 한 곳으로 들어가며 바로 음식을 주문했다.

"이모, 여기 복국 두 개요."

맛은 기억나지도 않는다. 시간이 오래 지난 일이고 워낙 취해 있었기 때문이기도 하다. 과연 후배의 호언장담처럼 다음 날엔 씻은 듯 숙취가 사라졌을까? 불행히도 그렇지 못했다. 태어나서 최고의 숙취를 경험했다. 후배의 말만 믿고 너무 과하게 마셨을 수도 있고 그날 몸 상태가 나빴을 수도 있다. 어쨌든 마산의 수많은 주당들이 지금도 술을 마신 뒤 복국을 찾는 것은 분명하다. 수많은 복집이 지금도 24시간 불을 켜놓고 술꾼들을 기다리는 것을 보면 말이다.

해방 전 복어에 관한 기사는 거의 100퍼센트가 사건사고였다. 복어를 먹고 목숨을 잃었거나 자살하기 위해 복어를 먹었다는 내용, 배고픈 걸인이나 가난한 사람이 굶주림에 허덕이다 복어를 먹었다거나 가족이 나눠 먹다가 몰살했다는 내용이 주였으니 꽤 끔찍하고 참담한 기사 소재였다.

복어를 먹다 목숨을 잃은 사람이 그렇게 많았다는 건 그만큼 먹는 사람도 많았다는 뜻일 게다. 1953년 12월 12일 사건처럼 군수가 복어를 먹고 사망한 일도 있었다. 오후 1시경 식사를 하고 6시경에 사망했으니 채 5시간이 걸리지 않았다. 평소에도 즐겨 먹었다 하니 그날도 별 의심 없이 복어를 먹었을 것이다.

인류가 복어를 먹은 역사는 생각보다 길다. 동파육으로 유명한 북송 시대의 문인 소동파(1037~1101년)가 일찍이 복어를 맛보고 "사람이 한 번 죽는 것과 맞먹는 맛"이라며 감탄했을 정도다. 쫄깃한 식감과 담백함, 미세한 단맛은 다른 생선에서는 맛볼 수 없다는 평가를 받는다. 복어 맛에 한 번 길들여지면 다른 생선은 못 먹는다는 이야기도 하지만 처음 맛본 사람은 "딱히 별 맛이 없는데"라며 고개를 갸웃거리기도 한다.

복어는 어쩌면 치명적인 독 때문에 더욱 사람들의 궁금증을 일으키는지도 모른다. 복어 독의 효능은 청산가리의 열 배가 넘는다. 해독제도 없고 중독된 뒤 8시간 이내에 생사가 결정된다니 독이 퍼지는 속도도 아주 빠르다. 복어를 손질할 때 독을 씻어내기 위해 물을 많이 사용하기 때문에 '복어 한 마리에 물 서 말'이라는 속담도 생겨났다.

오래 전에는 복어를 주로 하돈(河豚)이라 불렀다. 중국에서 유래한 말로 돼지고기처럼 맛있다 해서 붙은 이름이다. 정약전의 〈자산어보〉에는 복어가 돈어(魨魚)라 표기되어 있는데 여기서 돈은 '복어 돈' 자다. 누군가는 복어의 배가 볼록한 데서 연유한 이름이라고도 하는데 몸이 뚱뚱하고 등지느러미가 작은 복어의 몸 때문에 그런 오해를 살 법도 하다.

마산은 오래 전부터 남해안의 수산물이 한데 모이는 집산지였다. 복어도 마찬가지. 일단 마산에 모인 뒤 전국 곳곳으로 보내졌다. 여러 모로 복요리집이 생기기 좋은 조건이었다. 1945년 문을 연 남성식당은 마산에서 복요리를 처음 시작한 곳으로 마산 복요리집의 효시였다. 주인 고 최달옥 씨가 일본에서 복어 독 제거 기술을 배워 그 기술을 딸(고 박복련 씨)에게도 가르쳤다.

복어와 같은 특수 식재료를 찾는 사람은 점점 늘어나는데 다룰 줄 아는 사람은 적어서 국내에도 자격증 제도가 마련되었다. 1962년 경상남도에서 자격시험을 실시했고 마산에선 박복련 씨를 포함해 단 두 명만이 자격증을 얻었다. 70년대 초 다시 박복련 씨의 아들 내외인 김승길, 김숙자 씨가 남성식당 경영을 이어받고 그 주위로 복집이 하나둘 자리를 잡기 시작했다. 현재 마산 시내에 복요리집 20여 곳이 밀집한 지역엔 복요리거리라는 간판이 걸려 있고 길 이름 또한 복요리로다.

한동안 잊고 지냈던 복요리집을 다시 찾게 된 것은 연애를 시작하고 얼마쯤 지나 아버지께 여자친구를 소개하기 위해서였다. 아버지는 우리를 특별한 곳으로 데려가고 싶어 했다. 마산에서 내놓을 수 있는 특별한 요리로 아버지가 선택한 건 복어였고, 복요리가 처음인 여자친구를 위해 복불고기를 주문하셨다. 서울에서 줄곧 살아온 여자친구는 생소한 음식에 대한 거부감이 심한 편이며 해산물을 거의 접해본 적이 없었다. 혹시 그녀가 복어를 못 먹는 건 아닐까, 그 모습을 보고 아버지가 실망하시면 어쩌나, 나는 조마조마했다. 다행히 그녀는 복불고기 한 점을 집어 입에 넣더니 "담백하니 맛있다"며 웃었다. 조심스레 지켜보던 아버지도 "모자라면 더 시켜라"며 함께 웃었다.

　그녀는 지금 내 아내이고 아버지는 얼마 전 큰 수술을 받으셨다. 인생은 희로애락의 연속이지만 희와 노, 애와 낙 사이를 채우는 것은 평범하고 비슷비슷한 일상들이다. 어쩌면 인생은 담백하면서도 은은한 맛이 숨어 있는 복어 맛에 가까운지도 모르겠다.

순식간에 나타나 천하를 평정한 미식 스타
마산아귀찜

1990년대 말, 마산에서 서울로 올라와 거처를 정한 뒤 처음으로 강남 나들이를 했다. 지인들과 저녁을 먹기 위해 신사동 거리를 이리저리 헤매다 간판에서 반가운 이름을 보았다. '마산아귀찜'. 집에서나 해먹던 고향 요리를 서울에서도 가장 세련된 동네로 알려진 강남 거리에서 보게 되리라곤 상상하지 못했다. 고향 사람이 서울에 와서 차린 가게인가 싶었는데 그 뒤로도 마산아귀찜 간판이 계속 나타났다. 그때 처음 알았다. 마산아귀찜이 전국적으로 인기 있는 외식 메뉴라는 것을.

마산에 살 때 나는 한 번도 집 밖에서 아귀찜을 먹어본 적이 없다. 간혹 어머니가 싱싱한 아귀를 사와 콩나물과 미나리, 미더덕을 잔뜩 넣고 찜을 해주시면 나는 양념이 잘 밴 콩나물이 가장 맛있었다. 그 다음이 미더덕이고, 미나리도 나름 괜찮았다. 흐물흐물한 아귀 살은 내 취향이 아니었다. 내겐 순전히 콩나물 맛으로 먹는 음식이었으니 아귀는 빼도 되지 않느냐고 물었을 때 어머니 대답은 항상 이랬다. "그냥 먹어둬."

마음만 먹으면 언제나 집에서 먹을 수 있는 음식이었으니 밖에서 사먹을 생각은 하지 않았다. 김치찌개나 된장찌개를 먹으러 굳이 식당에 가지 않는 것처럼, 마산 사람들에겐 아귀찜이 그런 음식이었다. 동년배 고향 친구들도 비슷한 기억을 갖고 있었다.

언젠가 한 선배가 밤늦게 전화해 같이 아귀찜을 먹으러 가자고 했다. 그가 앞장서서 찾아간 곳은 서울 낙원동 골목으로, 아귀찜을 파는 식당이 꽤 많이 모여 있었다. 마음에 둔 곳이 있는지 선배는 바로 앞장을 섰고 항상 시키던 것처럼 아귀찜을 주문했다. 아귀찜을 굳이 밖에서 사먹는 게 어색했던 나는 그날도 평소처럼 콩나물만 열심히 먹었던 것 같다.

세월이 흘러 중학교 때 친구가 고향에서 식당을 열었다며 연락을 해왔다. 메뉴가 아귀찜이란다. 장소는 마산 오동동. 전국구 아귀찜의 성지가 마산 오동동에 있다는 것을 그제서 알게 되었다. 친구를 만날 겸 찾아간 오동동 아귀찜거리엔 생각보다 식당이 많았는데 원조는 초가집이고 대표 메뉴는 건아귀찜이라 했다. 머릿속에 혼란이 왔다. 분명히 1970~80년대를 마산에서 보냈건만 건아구 얘기는 들어본 적이 없다. 몇몇 친구에게 탐문을 해보니 그들도 건아구는 먹어본 적이 없다고 했다. 도대체 어찌 된 일일까?

열쇠는 아버지가 쥐고 있었다. 1960년대 후반 마산에서 군 생활을 한 아버지는 당시 즐겨 먹던 요리 중에 아귀찜이 있었고 초가집을 즐겨 갔노라고 했다. 건아구와 생아구를 파는데 항상 건아구를 먹었단다.

"건아구가 맛있었다. 쫄깃한 맛이 좋았지. 생아구는 씹는 맛이 없어 싫었다."

이가 튼튼한 아버지는 항상 말린 생선을 즐겨 드셨다. 당연히 건아구가 취향에 맞았을 것이다. 아버지는 "이젠 초가집이 사라졌다"며 아쉬워했다. 원조 초가집이 아직 영업을 하고 있지만 아마도 옛날 초가를 헐고 현대식 건물로 고쳐지어 그렇게 말씀하신 것 같다.

또래 친구나 후배들이 마산 명물인 건아귀찜을 먹어보지 못한 건 나처럼 아귀찜을 집에서만 먹었기 때문이다. 건아귀찜은 집에서 해먹기 힘든 요리다. 우선 말린 아구가 필요한데 아무 때나 말리면 안 된다. 겨울에 말려야 한다. 적당히 낮은 온도에서 얼고 녹기를 반복하며 말라야 살이 탱탱해진다. 여름에는 바짝 마르기만 해서 그냥 포가 되어버린다. 너무 높은 온도도 곤란하다. 나쁜 냄새가 날 수 있고 파리도 꼬일 수 있다. 비가 올 땐 거둬들여야 한다. 과정이 여간 성가신 게 아니다.

말린 아귀를 요리할 때는 또 며칠 동안 물에 불려야 한다.

여기에 조선된장을 넣고 밑간을 한 다음 여러 가지 양념을 해서 찜을 만든다. 이런 긴 과정을 통해 마산 명물 건아귀찜이 만들어진다. 전분을 사용하지 않아 국물이 어느 정도 있고 맛도 깔끔한 것이 특징이다. 지금은 마산을 대표하는 음식이 되었지만 60년대까진 아는 사람만 먹는 음식이었다. 대략 70년 전후로 유명세를 타면서 순식간에 전국구 음식으로 떠올랐다.

"10여 년 전까지만 해도 별로 찾는 사람이 없었지요. 그러나 최근 짱뚱어나 도루묵 등 못생긴 생선들이 스태미나 식품으로 부상하면서 아귀 수요도 크게 늘었어요."

1982년 10월 16일자 경향신문에 마산 수협판매과 황창보 과장이 인터뷰한 내용이다. 마산을 대표하는 언론인 김형윤이 쓴 《마산야화》에도 다음과 같은 내용이 나온다.

최근 새로운 음식이 나타났다. 즉 아구라는 것인데 3~4년 전만 해도 어망에 걸리면 바로 바다에 버리던 것이 갑자기 밥반찬과 술안주로 대중의 총애를 받고 있다. 이게 지독하게 매운 양념으로 만들어져서 도리어 구미에 매력이 있다는 것이다. 이것을 먹을 땐 휴지나 수건을 갖고 있어야 땀, 콧물, 눈물을 닦을 수가 있다. 아주 맵다.

《마산야화》는 1973년 12월 5일에 초판이 나왔다. 그 해 조선일보 기사를 보면 마산 시내에 50여 곳, 그리고 부산과 대구, 서울에도 마산아귀찜 전문점이 생겼다고 하니 그때 이미 전국구 음식이 되었다고 봐야겠다.

지역에선 2009년부터 매년 5월 9일을 '아구데이'로 지정해 공격적인 마케팅을 시작했다. 59를 읽으면 '오구', 즉 아구(아귀)와 발음이 비슷해서 그렇게 지었다고 한다. 다소 억지스럽긴 하지만 재미도 있다. 불교에서 아귀란 목마름과 배고픔 등 고통으로 가득 찬 세상에 사는 중생을 뜻한다. 입이 커 '바다의 악마'라 불리던 아귀가 불과 50여 년 만에 대한민국의 입맛을 사로잡아버렸다. 역시 아귀스럽다.

한상 안주가 나오는 바닷가 술 문화

마산통술과 오동동타령

1990년 대입시험을 마치고 함께 시험을 본 친구와 '한정식'이라 이름 붙은 식당에 들어가 별 생각 없이 2인분 식사를 시켰다. 잠시 뒤 반찬이 나오기 시작하더니 두 자리 수를 넘어가도록 계속 이어졌다. 친구와 나는 똑같이 당황스런 표정을 지었던 것 같다. 그 넓은 상을 가득 채우고서야 반찬 행렬은 끝이 났다. 엄청난 반찬의 양에 질린 우리는 꾸역꾸역 음식을 먹었지만 끝내 다 비우진 못했고, 식사 뒤 놀랄 만한 가격의 계산서를 받아들었다. 그 뒤로 오랫동안 우리 사이에 '한정식'이란 단어는 금기어로 자리 잡았다.

어마어마한 반찬 폭탄을 다시 경험한 건 전주 막걸리집에서였다. 영화 일을 하는 선배를 따라 전주에 놀러갔는데 저녁 자리가 막걸리집이었다. 그런데 계산 방식이 독특했다. 기본료를 내면 막걸리 한 주전자에 안주 한 상이 펼쳐진다. 안주가 꽤 많아 보였는데 막걸리 한 주전자를 비우기도 전에 안주가 바닥났다. 술 한 주전자를 더 시키면 안주 한 상이 다시 채워지는 식이다. 가격이 싼 건지 비싼 건지 헷갈리는 가운데 술값 계산으로는 참 재밌는 방식이란 생각을 했다.

그즈음 푸짐한 안주 한 상을 내놓는 술 문화가 마산에서도 아주 인기라는 소식을 서울에서 들었다. 뒷북도 이런 뒷북이 없었다. 마산에 내려간 어느 날 아버지께 아는 통술집을 수소문했다. 등잔 밑이 어둡다는 말은 이럴 때 쓰는 게 맞다. 옛날 살던 집에서 걸어서 10분도 안 되는 곳에 통술집거리가 있었다. 오동동 통술골목과 신마산 통술골목 두 곳이 유명하다. 두 곳 다 통술집이 10여 개가 넘는다.

친구를 신마산 통술골목으로 불러냈다. 회와 생선구이, 조

오동동 통술골목의 벽화

개탕, 그 외 반찬거리가 상을 가득 메웠다. 아뿔싸! 그때야 큰 실수를 했다는 걸 알았다. 친구는 안주 없이 술만 마시는 유형이고 나는 이미 저녁을 먹은 상태였다.

마산 통술, 통영 다찌, 진주 실비는 안주가 통째로 나오고 술과 상을 기준으로 계산한다는 공통점이 있다. 안주는 그때그때 계절과 주방의 준비 상태에 따라 달라진다. 무엇이 나올지 기대하는 재미가 있지만 꼭 필요한 것만 시켜 먹고 싶은 유형이라면 맞지 않을 수 있다. 사람 숫자, 공복 상태, 입맛에 따라 가격에 대한 판단은 천차만별일 것이다.

마산통술은 대략 1970년대에 시작되었다고 본다. 시작점은 요정 문화다. 1970년대에 요정이 쇠퇴하면서 요정 요리사들이

신마산 통술골목 풍경

독립해 고급 요리를 싸게 맛보는 술집을 차렸을 것이라 보고 있다. 고급 요정이 즐비했던 오동동에서 통술집이 시작된 것도 그런 추정에 힘을 싣는다. 그 당시 요정 풍경은 〈오동동타령〉 가사에도 잘 드러나 있다.

오동추야 달이 밝아 오동동이냐 동동주 술타령이 오동동이냐
아니요 아니요 궂은비 오는 밤 낙수물 소리
오동동 오동동 그침이 없어 독수공방 타는 간장 오동동이요
동동 뜨는 뱃노래가 오동동이냐 사공의 뱃노래가 오동동이냐
아니요 아니요 멋쟁이 기생들 장고 소리가
오동동 오동동 밤을 새우는 한량님들 밤 놀음이 오동동이요
백팔 염주 경불 소리 오동동이냐 똑딱꿍 목탁 소리 오동동이냐
아니요 아니요 속이고 떠나가신 야속한 님을
오동동 오동동 북을 울리며 정안수에 공들이는 오동동이요

아이들이 부르기엔 가사가 적당치 않았지만 가락이 꽤 흥겨워 콧노래를 불렀던 기억이 난다. 마산 아이들은 모두 〈오동동타령〉을 알았지만 이 노래를 실제 오동동과 연관시키는 아이는 없었다. 오래전 친구 중 누군가가 "오동동타령의 오동동이 여기 오동동이가?"라고 물었다가 "말도 안 되는 소리 마라. 오동동이 뭐 대단하다고 오동동타령 노래를 만들겠노."라는 핀잔을 떼로 듣고는 대번에 말꼬리를 감춘 일이 있었다.

1950년대에 발표된 〈오동동타령〉이 초히트곡이긴 했다. 발표된 해 가장 많이 불린 노래에 뽑혔고 한국전쟁 때 유엔군을 통해 외국에까지 퍼졌으니 최초의 한류가요라 해도 무방할 것이다. 곡을 만든 한복남은 당시 〈엽전 열닷냥〉〈처녀뱃사공〉〈진주는 천리길〉〈백마강〉 등을 작곡한 히트 작곡가였다. 〈오동동타령〉의 인기는 열 살도 되지 않은 아이들조차 즐겨 불렀다는 데서 잘 드러난다.

새싹회에서 4~7세와 8~13세 어린이들 각각 1300명씩을 대상으로 조사한 결과 엄청나게 많은 어린이가 유행가를 부르고 있다는 사실이 뚜렷이 드러나… 오동동타령은 4~7세가 110명, 8~13세 어린이 중 230명이 부른다는 사실은 가사가 추잡하지 않아 괜찮다고는 하지만… (경향신문 1963. 2. 18.)

그 때는 아무도 몰랐지만 〈오동동타령〉 배경지를 두고 마산 오동동이네, 여수 오동도네 하는 논란이 일었다. 노래 본적지를 찾고자 하는 사람들 사이에선 꽤 뜨거운 감자였던 모양이다. 오동이 '오동나무'라고 생각한 이들은 여수 오동도의 손을 들었다. '마산 오동동' 파는 옛날 기생 골목에서 힌트를 얻었다. 노래가사 중 '멋쟁이 기생' '장고 소리' 등이 기생 골목이 있던 오동동 이미지에 들어맞고 당시 기생 골목 위에 절이 있었다는 이유로 '백팔 염주 경불 소리'도 부합한다는 주장을 내놓아 '마산 오동동' 쪽으로 대세가 기울었다.

2009년 제1회 오동추야문화축제가 열렸고 2013년엔 오동 동 통술골목 입구에 오동동소리길이 만들어졌다. '오동동타령 창작 배경지'란 간판도 나붙었다.

마산을 사랑한 문화예술인들
천상병 김춘수 이원수
그리고…

내 고향은 경남 진동(鎭東), 마산에서 사십 리 떨어진 곳, 바닷가이며 산천이 수려하다 / 국교 1학년 때까지 살다가 떠난 고향도 고향이지만, 원체 고향은 대체 어디인가? 태어나기 전의 고향 말이다 / 사실은 사람마다 고향 타령인데, 나도 그렇고 다 그런데, 태어나기 전의 고향 타령이 아닌가? 나이 들수록 고향 타령이다 / 무(無)로 돌아가자는 타령 아닌가? 경남 진동으로 가잔 말이 아니라 태어나기 전의 고향_무(無)로의 고향 타령이다. 초로(初老)의 절감(切感)이다. - 천상병의 시 〈고향〉

1990년대 후반 어느 날 혼자서 인사동을 누볐다. 전통찻집 '귀천'을 찾기 위해서다. 고 천상병 시인의 부인 목순옥 씨가 시인의 대표 시 제목을 따서 낸 찻집이라고 했다. 귀천을 찾아 인사동을 누빈 것은 천 시인의 고향이 마산이란 이야기를 들었기 때문이다. 일자리를 얻으려 서울로 올라왔지만 막막하기만 하던 시절, 딱히 연고도 없고 미래도 불투명한 젊은이가 고향의 좋은 기운이라도 받고 싶었던 것일까? 길눈이 어두운 편은 아닌데 귀천을 찾기는 쉽지 않았다. 시간이 꽤 흐른 뒤에야 담담하게 그 자리에 있는 귀천을 만났는데 가게에 들어가진 않았다. 찻값이 없어서였는지 아니면 귀천 입구를 봤으니 됐다는 마음이었는지, 단지 고향 사람이란 이유로 찾아온 게 계면쩍어서였는지, 지금은 잘 기억나지 않는다. 입구에서 잠시 머물다 발길을 돌렸던 것만 생각난다.

천상병 시인은 시 〈고향〉에서 자신의 고향을 경남 진동(현 창원시 마산합포구 진동면)이라 밝혔지만 실제로 태어난 곳은 일본 효고현 히메지다. 네 살 때 조선으로 돌아와 초등학교 2학년까지 진동에서 다녔다. 6년간 진동 생활을 한 뒤 다시 일본으로 건너갔다가 1945년 귀국해 마산 오동동에서 지내며 마산중학교에 편입한다. 태어난 곳이 아니니 마산이 고향이 아니라는 반론도 가능할 것이다. 하지만 천 시인의 마음 속 고향이 마산이라는 점이 중요하다. 시인은 수필 〈외할머니 손잡고 걷던 바닷가〉에서 '마산도 내가 중학교를 다닐 때 살았으니 고향이나 다를 게 없다'고 밝혔다. 〈고향 이야기〉에서는 본 고향이 진동이고, 제2의 고향은 부산이며, 제3의 고향이 일본 다테야마(館山)라고 말했다. 입시에 나오지 않는 내용이라 그랬는지 마산에서 보낸 학창시절 내내 한 번도 수업시간에 천 시인과 마산의 인연에 대해 들어보질 못했다. 돌이켜보면 안타까운 일이다.

천상병 시인 외에도 마산을 대표하는 문인들 가운데는 의외로 마산 출신이 아닌 경우가 적지 않다. 〈고향의 봄〉 원작자로 알려진 이원수는 1926년 마산공립보통학교(현 성호초등학교)에 다니던 16세에 잡지《어린이》에 글 한 편을 투고한다. '나의 살던 고향은 꽃피는 산골 복숭아꽃 살구꽃 아기 진달래'로 시작하는 그 노랫말이다. 그는 어린 나이에 이미 마산의 소년단체 '신화소년회' 활동을 하고 있었고 학급신문에 조선인을 학대하는 일본인의 만행을 비난하는 글을 실을 정도로 혈기왕성한 문학 소년이었다. 1968년 마산산호공원에 '고향의봄 노래비'까지 세운 걸 보면 마산과의 인연이 꽤 깊다 할 수 있으나 사실 〈고향의 봄〉 속 고향은 그가 더 어린 시절을 보낸 창원 소답리였다(이원수에 관해서는 뒤쪽 창원 파트에서 더 자세한 이야기를 다루겠다).

일제강점기에 명도석은 마산을 대표하는 항일운동가로 활약했다. 1919년 3월 21일 마산 추산공원 독립 시위를 주도했고, 1920년엔 대한민국 임시정부 외무부총장이던 박용만의 밀사와 접촉하다 발각되어 옥고를 치른다. 좌우익 합작의 항일단체인 신간회 마산지회 설립에 참여하고 일제 말기 조선건국동맹에 참여하는 등 일제하에서 내내 독립 활동을 지속한다. 이런 명도석의 사위가 시인 김춘수였다. 1944년 명도석의 5녀 명숙경과 결혼해 처가인 마산에서 광복을 맞는다. 광복 후 김춘수는 마산에서 시 동인지 '로만파' 활동을 시작한다. 1940년대부터 60년대까지 마산에서 족적을 남기는데 마산공립중학교 (현 마산중학교)와 해인대학(현 경남대학교)에서 학생들을 가르쳤다. 1960년 3·15 의기에 나선 학생들 가운데는 그의 제자가 많았을 것이다. 같은 해 3월 28일 부산 지역신문 국제신보에 실린 〈베꼬니아의 꽃잎처럼이나〉는 이 때 희생된 이들의 영전에 바친 헌시다.

남성동파출소에서 시청으로 가는 대로상에 / 또는 / 남성동파출소에서 북마산파출소로 가는 대로상에 / 너는 보았는가… 뿌린 핏방울을, / 베꼬니아의 꽃잎처럼이나 선연했던 것을… / 1960년 3월 15일 / 너는 보았는가… 야음을 뚫고 / 나의 고막도 뚫고 간 / 그 많은 총탄의 행방을… // 남성동파출소에서 시청으로 가는 대로상에서 / 또는 / 남성동파출소에서 북마산파출소로 가는 대로상에서 / 이었다 끊어졌다 밀물치던 / 그 아우성의 노도를 / 너는 보았는가… 그들의 앳된 얼굴 모습을… / 뿌린 핏방울은 / 베꼬니아의 꽃잎처럼이나 선연했던 것을…

천상병 시인이 마산중학교에 다닐 때 국어교사 또한 김춘수였다. 1922년 통영에서 태어난 그를 '마산의 문인'이라 당당히 소개할 만큼 그와 마산은 인연이 깊었다.

예술인 가운데서도 이와 비슷한 인연을 찾기가 어렵지 않다. 21세에 가곡 〈선구자〉를 작곡한 조두남은 한국전쟁 후 마

산에 정착한다. 그는 1962년 한국문화예술단체총연합회 마산
시지부 초대 지부장을 지낸 이후 줄곧 마산 음악계의 중심에
있었다. 하지만 그의 진짜 고향은 북쪽인 평양이었다.

서울올림픽공원에 전시되어 있는 대표적인 조각품 〈올림
픽 화합〉을 만든 문신은 유럽에서 주로 활동했다. 1993년 프랑
스 정부로부터 예술문학기사 훈장을 받고 1994년 프랑스 문화
훈장인 영주장을 받을 정도로 현지에서 인상 깊은 활동을 펼
쳤다. 마산 출생으로 알려져 있지만 그가 실제 태어난 곳은 일
본 사가현 다케오. 하지만 유년 시절을 보냈던 마산에 대한 애
착이 커서 말년에 이곳으로 돌아와 미술관을 짓고 자신이 평생

현재호의 그림

166

이룬 작품들을 남겼다.

화가 현재호는 부산과 마산의 어시장 사람들을 주로 그려 유명해졌다. 마산 중심가 창동에 가면 곳곳에서 그의 거리 벽화를 만날 수 있다. 그는 부산에서 태어나 중국 대련에서 유년기를 보냈다.

이상 언급한 인물들은 모두 다른 지역에서 태어났지만 마산에서 생을 마감했다는 공통점이 있다. 태어난 곳은 본인이 정할 수 없지만 마지막을 보낼 곳은 정할 수 있다는 점에서 이들과 마산은 실질적으로 꽤 깊은 교감을 나눴다고 볼 수 있다.

일제 때 꽤 일찍 근대도시로 성장한 마산은 드나듦이 활발한 곳이었다. 일찍부터 기차가 놓여 육로로 접근하기 좋았고 바닷길도 좋았다. 일자리와 기회를 찾아 많은 이들이 몰려왔

창동예술촌에 벽화로 그려져 있는 문신 자화상. 원작은 문신미술관에 있다.

고 심신이 지친 사람들은 휴양을 위해 방문하기도 했다. 한국
전쟁 때 전란을 피해 도망친 사람들이 대거 찾은 곳도 부산 아
니면 마산이었다. 그때마다 마산은 그들을 기꺼이 품어주었다.
〈벙어리 삼룡이〉를 쓴 나도향, 카프 문학가 임화, 〈오적〉을 쓴
김지하가 요양차 마산에 내려왔고, 한국전쟁 시기엔 오상순,
김남조, 이영도, 이원섭 같은 문인들이 마산에 머물렀다. 어쩌
면 마산은 많은 사람이 살고 싶어 한 도시, 함께 늙고 싶어 한
도시였는지도 모르겠다.

마산과 인연을 맺은 이들의 이력을 보면 고향의 의미를 다
시 생각하게 된다. 더불어 마산이 지닌 매력을 곱씹게 된다.
1990년 5월 마산용마공원엔 국내 최초로 '문학 감상 코스'인
시의거리가 조성되었다. 권환의 〈고향〉, 천상병의 〈귀천〉, 박재
호의 〈난양역〉, 정진업의 〈갈대〉, 김용호의 〈오월이 오면〉, 이
은상의 〈가고파〉, 이원수의 〈고향의 봄〉, 이광석의 〈가자! 아름
다운 통일의 나라로〉, 이일래의 〈산토끼〉, 김태홍의 〈관해정〉
을 거리에서 읽을 수 있다. 그러고 보면 마산과 인연을 맺은 문
화예술인이 참 적지 않았다.

3

진해

✳

꽃바람 휘날리는
근대도시로의 여행

'삼포'로 가는 길이 진짜 있다고요?

진해 해안도로 여행

지금도 그렇지만 한 노래에 꽂히면 그 노래가 이명처럼 따라다니며 몇날며칠 머릿속을 맴돈다. 고등학교 시절 어느 날 라디오를 듣다가 한 노래에 꽂힌 적이 있다. 강은철이 부른 〈삼포로 가는 길〉이었다.

바람 부는 저 들길 끝에는 삼포로 가는 길 있겠지

굽이굽이 산길 걷다 보면 한 발 두 발 한숨만 나오네

아아~ 뜬구름 하나 삼포로 가거든

정든 임 소식 좀 전해주렴 나도 따라 삼포로 간다고

사랑도 이젠 소용 없네 삼포로 나는 가야지

끊어질 듯 힘이 없으면서도 쓸쓸한 목소리와 허무하게 느껴지는 가사가 좋았던 것 같다. 머릿속에 저장되어 한참을 돌려 듣다가 같은 가수 다른 노래도 궁금해져 강은철 1집을 사러

나갔다. 나머지 곡은 지금 기억이 나지 않는 걸 보면 딱히 특색이 없었거나 〈삼포로 가는 길〉이 너무 좋아서 묻혔거나 둘 중 하나일 것이다.

노래가 나오기 전 이미 황석영이 쓴 소설 〈삼포 가는 길〉과 이 소설을 토대로 한 이만희 감독의 영화 〈삼포 가는 길〉이 있었으니 노래와 소설과 영화 속의 '삼포'가 같은 곳이려니 당연히 생각했다. 삼포는 왠지 실재하는 곳이 아닌 것 같았고, 훗날 황석영의 인터뷰를 통해 소설 속 삼포가 가상의 마을임을 확인했다. 그리고 세월이 더 흘러 오래전 추측 중 하나가 틀렸다는 것을 알았다. 실재하는 마을, 삼포를 만난 것이다.

2008년 서울역에서 자전거와 함께 KTX 기차를 탔다. 목적지는 부산역. 거기서 바닷길을 따라 경남 남해까지 달릴 예정이었다. 부산 시내를 빠져나가 을숙도를 지나니 진해였다. 자전거와 자동차는 가는 길이 다르고 속도도 다르다. 시속 100킬로미터로 달릴 땐 보이지 않던 풍경이 시속 20킬로미터로 달릴 땐 보인다. 속도가 빠를수록 앞으로 나아가려는 성질이 강해지고 멈추기가 어렵다. 괜찮은 풍경이 나와도 '어, 괜찮네' 하다가 그냥 스쳐버리기 일쑤다. 그래서 주변 풍경을 차곡차곡 담기엔 자전거 여행이 딱이다.

그 때 자전거를 타고 진해 바닷길을 달리지 않았다면 가야 김수로왕의 왕비인 허왕후 전설을 접하지 못했을 것이다. 큰길에서 벗어나 갓길로 접어든 곳에서 유주비각(경상남도 기념물 제

89호)을 만났다. 가락국을 세운 수로왕과 허왕후의 전설을 전하는 곳이다.《삼국유사》가락국기에서 전하는 두 사람의 운명 같은 결혼 이야기는 다음과 같다.

수로왕은 "거북아, 거북아, 머리를 내밀라. 만일 내밀지 않으면 구워먹겠다"는 가사로 유명한 〈구지가〉의 주인공이다. 사람들이 이 노래를 부르며 춤을 추자 하늘에서 황금 알들이 내려오고 그 알들 중에서 가장 먼저 깨어난 이가 수로왕이었다. 사람들은 왕을 얻었으나 근심이 있었다. 왕후를 찾지 못한 것이다. 근심하는 신하들을 달래며 왕은 작은 배와 말을 가지고 망산도에 가서 기다릴 것을 명한다. 왕의 예언처럼 붉은 돛을 단 배가 나타났고 그 안에 여인이 타고 있었다. 신하들이 모시려 하자 여인이 품위 있게 거절한다. "나는 너희들을 모르는데 어찌 경솔하게 따라갈 수 있겠느냐." 당시 여인의 나이가 16세였다는 점을 고려하면 놀랄 만한 일이다.

신하로부터 이 사실을 전해들은 왕은 그것이 옳은 말이라 여기고 대궐 아래 산기슭에 임시 궁전을 만든다. 여인은 입고 있던 비단바지를 산신령에게 폐백으로 바치고 왕을 만난다. 여인은 자신을 '아유타국 공주로 성은 허, 이름은 황옥'이라 소개하며 부모의 꿈에 하늘 상제가 나타나 명했기에 바다를 건너왔다고 전한다.

이 모든 이야기를 종합하면 허왕후는 매우 대범한 인물이다. 수로왕과 허왕후는 슬하에 아들 열을 두었는데 그 중 두 명에게는 왕후의 성을 주었다. 자식들에게 부모의 성을 각각 나누어주었다는 설정이 흥미롭다. 이로써 허왕후는 우리나라 허씨의 시조가 된다.

진해구 용원동에 있는 유주비각에 적힌 결혼 전설을 읽으면 우리가 귀하고 신비로운 이들의 후손임을 알게 된다. 허왕후가 배를 댔다는 섬은 용원동 앞바다에 떠 있는 망산도로 행정구역상으론 부산 강서구에 속한다. 실제 풍경은 작고 볼품없어 보이는데, 덴마크의 유명한 인어 동상도 마찬가지 아니던가. 때론 상상력으로 느껴야 하는 여행지가 있는 법이다.

이 길에서 임진왜란 때 조선군과 왜군이 남해안 지역을 둘러싸고 공방을 벌인 흔적도 만난다. 안골왜성(경상남도 문화재자

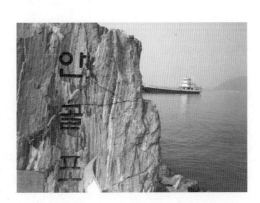

안골포

료 제275호)과 웅천왜성(경상남도 기념물 제79호)은 왜군이 수비
자이고 조선군이 공격자로 나선 흔적이다. 그 설정이 맘에 들
어 자전거를 둘러메고 언덕을 기어올라 왜성 앞까지 갔다. 한
편 진해제포성지(경상남도 기념물 제184호)는 고려시대에 왜구를
막기 위해 쌓은 성이 있었던 터다. 이런 역사유적지를 둘러보면
진해가 과거에 어떤 전략적 위치에 놓여 있었는지를 새삼 깨닫
게 된다.

바닷길엔 공원도 많다. 하얀 돌산이라는 뜻의 흰돌메공원,
제덕제1호어린이공원, 해외 파병 기록을 엿볼 수 있는 소죽도
공원, 에너지테마파크인 에너지환경과학공원, 해양스포츠 체
험장이 있는 해안공원 등이 각기 다른 개성을 뿜낸다. 모두 느
린 자전거 여행에서 만날 수 있었던 풍경들이다. 수시로 갓길
로 빠져서 달리며 안내판 하나하나를 들여다볼 수 있는 건 시
속 15~20킬로미터의 여행에서만 가능한 일이다.

무엇보다 반가운 건 삼포로가는길 노래비였다. 강은철의
삼포는 실재했다. 작사, 작곡을 한 이혜민이 1970년대 말 고등
학생 때 무전여행을 한 게 노랫말이 탄생한 계기였다. 서울에
서 시작한 무전여행은 어쩌다 진해 웅천동 삼포마을까지 이어
졌다. 당시 삼포마을은 진해 시내에서도 한참 벗어난 작은 어
촌으로 때 묻지 않은 고요함이 도시의 소란에 익숙했던 소년
의 마음에 콕 박혀버렸다. 〈삼포로 가는 길〉 노랫말은 1983년
에 완성된다. 서울 왕십리에서 유년 시절을 보낸 이혜민은 그

룹 '배따라기' 활동을 하며 〈은지〉〈그댄 봄비를 무척 좋아하나요〉〈비와 찻잔 사이〉〈아빠와 크레파스〉 등의 히트곡을 만들었다. 〈포플러나무 아래〉(이예린), 〈59년 왕십리〉(김흥국)도 그의 작품이다.

실재하는 삼포마을을 만나자 오랫동안 머릿속에 멈춰져 있던 노래가 다시 돌아갔다. 〈삼포로 가는 길〉을 흥얼거리며 자

삼포로가는길 노래비

전거를 탄 기억이 아련하다. 연령대가 더 높은 분이라면 해안도로 중간 기점인 영길만(남양동 324-8)에서 만나는 황포돛대 노래비가 더 반가울 것이다. 이미자의 히트곡으로 1960년대에 인기가 대단했다. 작사가 이일윤(필명 이용일)이 영길만 출신이라 이곳에 노래비를 세웠다.

해안도로 여행을 부산에서 시작하면 대략 진해루 쯤에서 끝난다. 진해루는 아주 근사한 누각으로 밀양 영남루, 남원 광한루, 진주 촉석루를 떠올리게 한다. '진해에 이런 멋진 누각이 있었던가?' 생각하며 고개를 갸우뚱한다면 바른 질문이다. 생긴 건 조선시대 풍이지만 2003년에 만들어진 새 건축물이다. 역사성은 없지만 여기서 바라보는 바다 풍경이 멋져서 진해 사람들에게 아주 인기 있는 휴식처다.

이렇게 바닷길 여행을 하고 나면 진해의 맛을 조금 알았다고 할 수 있다. '바다만 해도 이렇게 볼 게 많은데 나머지는 또 뭐가 있을까' 하는 기대감을 품어도 좋다. 일단 애정과 관심이 생겨야 그 다음이 눈에 들어오는 법이다.

100여 년 전 진해의 옛 이름

웅천

"나 지금 부산에서 진해로 넘어가는 중인데 너 아직 창원에 살고
있냐?"

"이사했다. 지금은 웅천에 있다."

"웅천? 거기가 어딘데."

"(웃으며) 웅천이 웅천이지. 어디고."

"어디, 전라도가?"

"진해다.

"진해? 진해에 그런 곳이 있나."

"나도 창원에 쭉 살았지만 오기 전까진 몰랐다."

남해안 자전거 여행 중에 친구와 연락이 닿았다. 창원에 줄
곧 살았던 친구도, 진해에서 군생활을 했던 나도 몰랐던 이름,
웅천. 등잔 밑이 어둡다는 말은 이럴 때 쓰는 말이겠다.

1912년 전까지 이 지역은 한 번도 진해라 불린 적이 없다.

1451년 이후로 줄곧 웅천이 지명이었다. 때로는 웅천현, 때로
는 웅천군, 그 이전에도 지명에 항상 '웅'이 들어갔다. 삼국시대
에는 웅지현이었다가 757년 신라 경덕왕 때 웅신현으로 이름
을 바꿨고, 조선 건국 후 세종 때는 웅구(熊口)로 바꿨다. '웅'은
곰과 관련이 있다고도 하고 '검'(儉=君) '곰'(神)처럼 지도자를
뜻하는 말에서 비롯되었다고도 한다. 어쨌든 이제 100여 년밖
에 안 된 '진해'라는 지명이 줄곧 이 지역을 뜻했던 '웅천'을 밀
어냈다. 진해 이전의 진해, 가장 오래된 진해가 웅천에 있다.

웅천은 논밭이 많지 않고 인구도 적은 마을이었지만 입지
적 중요성 덕분에 역사에서 차지하는 위치는 결코 작지 않았
다. 1407년 조선 세 번째 왕 태종은 웅천(내이포 또는 제포)과 동
래(부산포)를 열어 왜인들이 무역활동에 참여하도록 조치한다.
웅천의 포구는 배를 대기에 좋고 일본과 거리도 가까웠다. 왜
인들과 평화롭게 교류할 때는 웅천 포구가 열리고 관계가 나쁠
땐 다시 닫히기를 반복했다. 조선 정부는 강온책을 쓰며 왜인
들과 적절한 관계를 유지하려 했고 때로는 이런 정책에 반기를
드는 왜인들이 나타났다.

1510년 삼포에서 왜인들이 대규모 군사 공격을 감행했다.
여기서 '삼포'란 웅천, 동래, 울산에 마련된 개항장을 뜻한다.
당시 왜인들은 부산포, 웅천, 제포의 관리들에게 탄압을 당했
다며 병선 100척과 무장한 군인 사오천 명을 앞세워 마을을 습
격했다. 임진왜란을 제외하면 조선시대를 통틀어 가장 큰 왜구

의 공격이었다. 갑작스런 대규모 공격에 부산포첨사가 살해되고 군사와 백성 272명이 목숨을 잃는다. 공격은 결국 진압되고 조선 정부는 삼포의 문을 닫는다. 흔히 삼포왜란이라 불리는 이 사건은 역사시험에 종종 등장한다.

임진왜란 때도 일본군은 웅천을 통해 상륙했고 수세에 몰리면 왜성을 쌓아 조선군을 막았다. 이순신 장군이 이끄는 조선 수군과 왜군 간의 치열한 전투도 여기서 여러 차례 벌어졌다. 왜구를 방어할 목적으로 고려시대에 처음 만들어진 진해제포성지, 왜군이 쌓은 성인 웅천왜성은 모두 등록문화재로 지정되어 있다. 제포의 왜관을 통제하기 위해 1434년(세종 16년)에 쌓은 웅천읍성 또한 복원 작업이 진행 중이며 현재 경상남도

웅천읍성

기념물 제15호로 지정되어 있다.

왜란과 유난히 인연이 많은 웅천엔 또 다른 기록이 전해진다. 바로 조선 최초로 서양인이 발을 디딘 곳이 이곳, 웅천이라는 이야기다. 조선에 들어온 서양인으로는 1652년부터 66년까지 조선에서 살았던 네덜란드인 하멜이 유명하다. 하멜이 제주에 첫발을 디뎠을 때보다 60년이나 앞서 조선 땅에 들어온 이가 있었으니, 스페인에서 마드리드 시장의 아들로 태어난 세스페데스다.

그가 조선에 들어온 시기는 임진왜란 당시로, 1593년 12월 조선에서 전쟁을 치르던 고니시 유키나가가 웅천에 왜성을 쌓은 뒤 나가사키에 있던 세스페데스를 불러들였다. 그 자신이 천주교인으로서 병사들의 목회를 위해 부른 것이었다. 복음의 열망이 강했던 세스페데스는 조선에서 더 나아가 명나라에까지 신의 뜻을 전하려 했다. 하지만 당시는 전쟁 중인 데다 조선과 왜는 엄연히 적국 관계였다. 세스페데스는 조선에 첫 발을 디딘 서양인이긴 했지만 결국 조선 백성을 만나지 못한 걸로 전해진다.

창원시는 2016년 세스페데스기념공원을 만들어 이 최초의 서양인을 기록했다. 그 사실은 기억할 만하지만 임진왜란이라는 시기, 그리고 종군(從軍)신부라는 점에서 논란이 일었다. 2017년 1월 더불어민주당 김삼모 창원시의원이 "창원시는 왜군을 도운 신부를 기리기 위한 공원을 조성했다"며 추궁했다.

창원시는 그해 6월 박철 전 한국외국어대학교 총장을 초청해 시의 입장을 대신 알렸다. "일본군 천주교 병사들을 대상으로 미사와 세례를 한 것을 두고 종군신부라고 규정하는 건 역사적 비약"이며 세스페데스는 "임진왜란의 참화에 대한 보고서를 만들어 유럽에 전쟁의 진상과 조선왕국의 존재를 최초로 알린 사람"이라는 것이다. 아직 인지도와 관심이 떨어져 논쟁이 제대로 불붙지 않았을 뿐, 세스페데스에 대한 역사적 평가는 현재진행형이다.

웅천에서 주목할 만한 또 다른 포인트는 도자기다. 조선 전기에 웅천에 있는 가마에서 분청사기와 백자를 생산했다. 일본은 조선 도자기에 관심이 많았다. 웅천가마에서 생산된 도자기는 바로 앞 포구를 통해 일본으로 수출되었다. 임진왜란이 일어나자 약탈의 문이 열려 왜군들은 아예 조선 도공들을 납치하고 도자기를 훔쳐간다. 1918년에 발간된 《하라도 도자기 연혁 일람》에 따르면 이 때 웅천의 도자기 기술자와 관계자 100여 명이 납치되었다. 웅천도요지(경상남도 기념물 제160호) 역시 임진왜란 때 문을 닫은 것으로 추정되는데, 도공과 생산 시설이 모두 사라져 사실상 그 기능을 잃어버렸을 것이다.

역사가 깊은 마을에 역사적 인물이 없을 수 없다. 1897년 11월 25일, 웅천면에서 아전 출신 주현성의 막내아들로 주기철이 태어난다. 원래 이름은 주기복이지만 오산학교에서 세례를 받은 뒤 주기철로 개명한다. 오산학교는 민족정신의 고취를 내

세운 학교였다. 1919년 3·1운동이 일어나자 주기철은 만세운
동에 참여하다 헌병대에 연행된다. 이후 1938년에도 신사참배
를 거부해 일본 경찰에 검거되었다. 당시 조선 내 상당수 교회
는 이미 신사참배를 하고 있었는데 주기철은 끝내 뜻을 굽히지
않고 감옥에서 목숨을 거둔다. 1944년 4월 13일이었으니 해방
이 멀지 않은 때였다. 신앙과 양심의 자유를 지키기 위해 뜻을
굽히지 않았던 투사가 마지막 남긴 말은 무엇이었을까. 면회
온 아내에게 "여보, 따뜻한 숭늉 한 사발이 먹고 싶소."라고 한
말이 마지막이었다고 한다. 1963년 그에게 건국훈장 독립장이
수여되었고 2015년 웅천에 '항일독립운동가 주기철 목사 기념
관'이 세워졌다.

　이런 역사들을 되짚다 보면 등잔 밑이 정말 어둡긴 어두웠
다는 생각이 든다. 혹시나 싶어 어머니께 전화를 걸었다. "어머
니, 혹시 웅천이라고 아세요?" "그게 뭔데?" 50여 년을 마산과
창원에서 살아오신 어머니다. 언젠가 어머니를 모시고 웅천 나
들이를 한 번 해야겠다.

20대 꽃청춘들을 불러 모으는 군항도시의 매력

군항제

"예전에 진해에 들어가려면 터널을 통과해야 했는데 진해 쪽 터널 입구엔 항상 검문소가 있었다. 진해를 오가는 사람은 군인 아니면 민간인이었으니 헌병과 경찰이 합동으로 검문을 했지. 버스에 헌병과 경찰이 함께 올라와서 이리저리 살피고 승용차는 창문을 내려서 안을 들여다봤다."

진해에 대한 아버지의 추억이다. 마산이나 창원 또는 다른 지역에서 진해로 들어가려면 반드시 터널을 통과해야 했다. 1984년까진 마진터널 하나였고 1985년 장복터널(새마진터널)이 뚫린 뒤에 마진터널은 거의 이용하지 않았다. 터널을 거치지 않고 갈 수 있는 고갯길이 하나 있었으나 워낙 구불구불하고 시간도 오래 걸려 이용자가 많지 않았다. 비슷한 전화번호를 쓰고 시내버스가 다니는 곳이었으나 마산, 창원과 진해의 거리감은 꽤 되었다. 출퇴근 시간이나 벚꽃 피는 계절엔 명절이 무색할 정도로 차가 막혔다. 오가는 사람들은 불편했지만 그 덕에 군사적 요새로는 아주 적합한 입지였던 것 같다.

조선을 강제로 집어삼킨 일본이 진해에 군사항구를 건설한 건 나름 훌륭한 선택이었다. 일제는 이곳에 우리나라 최초의 군항도시를 세우기로 기획한다. 부지를 정한 뒤 현지에 살던 조선인들을 몰아내고 도시를 건설했다. 대략 2년 만에 일본식 이층집들이 후닥닥 세워졌다. 당시 조선에는 이층집이 매우 귀했지만 진해 시가지는 대부분 2층으로 이루어졌고 드물게는 삼층집도 섞여 있었다. 진해 문화해설사 김명제 씨에 따르면 대기업인 미쓰비시도 이 때 집 분양에 나섰던 모양이다. 그만큼 대규모로 도시화가 이루어졌다는 얘기다.

우리나라에 단 하나밖에 없는 담수어 서식지 보전기관인 남부내수면연구소도 일제강점기에 만들어졌다. 김 씨에 따르면 내수면연구소는 원래 민물고기 양식장으로 일본이 군인들을 위해 지은 시설이었다.

"일본인들이 회를 좋아합니다. 그들은 원래 바다회보다 민물회를 좋아해서 군인들이 마음껏 먹으라고 대규모 민물 양식장을 만든 겁니다."

그 시절 지은 건물들이 지금껏 살아남아 해군기지에서 계속 사용 중이다. 해군기지사령부 본관(구 진해요항부 사령부, 1914

년 준공), 해군진해군수사령부 제1별관(구 진해방비대 사령부 본
관, 1912년 준공), 해군진해군수사령부 제2별관(구 진해방비대 사
령부 별관, 1912년 준공), 해군근무지원전대 본관(전 진해요항부 병
원, 1911년 준공) 등이 모두 등록문화재로 지정되어 있다.

진해는 이렇게 '일제가 만든 군사도시'로 유명하지만 지형
상의 이점 때문에 해방 후에도 군사도시의 맥을 쭉 이어갔다.
그 시작은 한국해군의 창설자인 손원일 제독 때부터다. 상해임
시정부 의정원 의장을 지낸 손정도의 아들인 손원일은 상해에
서 항해학을 전공한 재원이었다. 대학 졸업 후 외국 선박회사
에서 항해사로 근무하다가 국내에 잠시 들어왔을 때 상해독립
단체와의 비밀연락 업무를 맡았다는 혐의로 옥고를 치른다. 출
감 후 중국에서 해운사업에 뛰어들었지만 광복과 동시에 귀국
해 해군 창설을 주도하게 된다. 미군정 아래에서 한국해군의
전신인 해방병단의 초대 단장을 지낸 그의 선택으로 해군사령
부 및 주요 부대, 해병대사령부와 부대가 진해에 둥지를 틀게
된다.

역사적으로 돌아보면 진해는 이미 조선시대에도 유명한 군
항이었다. 우리나라에서 가장 인기 있는 해군 장수, 이순신의
족적을 이곳에서 찾는 것도 어렵지 않다. 임진왜란 때 조선군
을 순식간에 북쪽까지 밀어붙였던 왜군은 수세에 몰리자 경상
남도 해안 지역에 성을 쌓아 방어체제에 들어간다. 이 때 쌓은
왜성 가운데 하나가 웅천왜성이다. 바닷가에 웅크려 숨어 있

는 왜군을 조선군이 그냥 놔둘 리 없었다. 이순신 장군이 이끄는 수군이 나서 1593년 2월 10일부터 대략 1개월간 전투를 벌인다. 이순신의 군대는 이때 최초로 상륙전을 벌였는데 긴 공방전 끝에 적선 51척을 파괴하고 적군 2500여 명을 사살하는 대승리를 거둔다. 웅천해전이 벌어지는 동안 도성 가까이에서는 행주대첩이 일어나 전력을 크게 상실한 일본군의 서울 철수가 이루어진다. 당시는 명나라와 일본 간 강화 교섭이 진행되는 기간이었기 때문에 웅천해전은 명과 조선이 다시금 주도권을 쥘 수 있는 중요한 계기를 만들었다.

1952년, 충무공 이순신 동상이 국내 최초로 진해 북원로터리에 세워진다. 1963년에는 이순신 장군의 나라사랑 정신을 기리기 위한 기념행사를 열기 시작하는데 오늘날 벚꽃축제로 잘 알려진 군항제가 그것이다. 군항제 이전에도 벚꽃철에 전국에서 100만 명 가까운 사람이 몰렸던 진해는 축제 기간 동안 해군기지 내부를 개방해 더욱 유명세를 떨치게 되었다. 근대 건축물이 가득한 해군기지 내부와 군 함정 등을 볼 수 있는 기회는 일 년에 딱 이 때뿐이다.

군항제는 순식간에 대한민국 대표 축제로 떠올랐다. 애초에 이순신 장군 기념행사로 기획되었지만 시간이 지나면서 벚꽃을 즐기는 축제로 성격이 달라진다. 진해가 가장 아름다운 때에 맞춰 진행되는 행사이니 어쩌면 불가피한 변화였다. 4월에 진해를 찾는 사람들의 주 목적은 어쨌거나 벚꽃 감상이고

187

행사 내용도 점점 거기에 맞춰졌다.

군항제가 열리는 동안 진해 시가지엔 각종 간이상점들이 들어서고 미스경남선발대회, 불꽃놀이, 오색풍선날리기대회 등이 열린다. 문제는 도시 크기에 비해 한꺼번에 너무 많은 사람이 몰려든다는 점이다. 공급에 비해 수요가 훨씬 높으니 축제 기간에 물가가 껑충 뛰었다. 호텔과 여관은 부르는 게 값이

진해 하면 생각나는
군인과 벚꽃

군항제가 젊어지고 있다.

고 식당은 음식 양도 적으면서 비쌌다. '업자 횡포' '서비스 엉망' '바가지 상혼'이라는 수식어가 군항제에 단짝처럼 따라다녔다. 축제 뒤에 많은 불만이 쏟아져 나왔지만 일 년이 지나면 사람들은 또 홀린 듯 벚꽃을 보러 진해로 향했다.

한동안 군항제는 어른들의 축제란 인식이 강했다. 그러나 최근에 처음 혹은 아주 오랜만에 군항제를 찾았다면 그 인식이 잘못되었음을 알 것이다. 요즘 군항제 분위기는 여성과 20대가 주도하고 있다. 이들은 머리에 벚꽃 화관을 쓰고 분위기 좋은 장소를 찾아 다니며 사진 찍기에 여념이 없다. 최고의 포토존은 벚꽃 아래 색색의 우산이 매달려 밤낮으로 화려한 분위기를 자아내는 여좌천이다. 벚꽃우산, 벚꽃밀크티, 벚꽃비누, 벚꽃빵, 벚꽃초콜릿, 벚꽃아이스크림, 벚꽃식혜 등 축제 테마를 잘 살린 거리상품들은 왜 요즘 가장 감각적인 여성과 20대들이 군항제를 찾아오는지를 잘 보여준다.

2012년에 262만 명, 2018년에는 310만 명이 군항제 기간에 진해를 찾았다. 2015년과 2016년에 군항제를 찾은 20대 여성의 비율은 각각 전년도에 비해 100퍼센트, 144퍼센트가 늘었다. 이런 변화에 비해 군사도시, 군항도시라는 오랜 캐치프레이즈는 너무 남성적이고 딱딱하다는 느낌이 든다. 이건 어떨까. 미국 하와이와 샌디에이고, 호주 시드니, 싱가포르는 모두 해군기지가 있는 도시들이면서 세계적으로 유명한 관광지다. 진해도 그렇게 가야 하는지 모른다.

대한민국 벚꽃 하면 바로 여기

진해벚꽃

초등학교 고학년 때였던 것으로 기억한다. 마산에서 진해로 가는 버스를 탔다. 어머니, 여동생과 함께였다. 때는 벚꽃철. 어머니는 "사람 구경하러 간다"고 했다. 말 그대로였다. 숨이 턱 막힐 정도로 사람이 많았다는 사실만 기억날 뿐 벚꽃에 대한 기억은 없다. 돌아오며 다신 가고 싶지 않다고 생각했다.

세월이 흘러 진해에서 군생활을 하게 되었다. 진해의 봄은 벚꽃과 함께 찾아왔다. 겨울이 지나며 바람이 더 이상 차갑지 않게 느껴지다가 어느 순간 연분홍 꽃빛이 어른거리면 봄이 왔다는 증거였다. 그러면 부대 주변으로 차들이 다니는 빈도가 잦아지고 늦은 저녁에도 밖에서 하하거리는 웃음소리가 담을 넘었다. 벽 하나 차이일 뿐인데 부대 밖과 안은 공기가 달랐다. 바깥의 웃음소리가 크면 클수록, 꽃이 화사하면 화사할수록, 군인들의 가슴은 답답해질 뿐이었다. 나무 가득히 매달렸던 벚꽃잎이 하나둘 떨어지며 바람에 나부끼기 시작하면 부대 간부와 고참들은 특급 명령을 내렸다. "정문 앞 벚꽃을 다 쓸도록. 하나도 남김없이."

하나도 남김없이 벚꽃을 쓰는 일은 구부러진 머리카락을 펴는 것만큼이나 불가능한 과제였다. 모두 다 쓸었다 싶으면 바람이 한 차례 불어와 또 꽃잎을 흩뿌리고 갔다. 무한반복. 결코 끝나지 않을 과제지만 해야 했다. 벚꽃은 비질과 함께 지고 꽃철이 끝나면 비질도 끝났다.

진해는 일제강점기에도 유명한 벚꽃 관광지였다. '벚꽃으로 전 조선에 명성이 자자한 진해'라는 소리를 1920년대부터 들은 터였다. 그 명성은 해방 후에도 이어져 한국전쟁이 끝난 뒤 유엔군이 머물던 시절엔 외국인에게 인기 있는 관광지 중 하나였다. 벚꽃철이 되면 전국에서 몰려드는 관광객을 위해 특별 임시열차가 다녔다. 언론은 마치 아이돌 스타의 일거수일투족에 관심을 두듯 3월이 되면 올해는 진해 벚꽃이 언제 필지, 얼마나 필지를 예측 중계했다.

벚꽃이 가장 인기 있는 봄꽃인 것은 맞지만 항상 사랑만 받은 건 아니다. '벚꽃은 일본 꽃'이라는 인식 때문에 해방 뒤 잘려나간 벚나무가 많았다. 체계적으로 관리하지도 못했다. 1958년 진해에 있던 10만 그루 벚나무 가운데 꽃을 피운 건 40퍼센트밖에 되지 않았다. 군데군데 꽃 없는 벚나무가 섞여 있으니 보는 흥이 떨어졌다. 새 나무를 심지 않으면 앞으로 벚꽃을 더는 감상할 수 없게 될 것이라고 전문가들이 경고했지만 정부는 적극적인 모습을 보이지 않았다.

해방 이후 벚꽃 원산지 논쟁이 본격화된 건 당연한 일이었다. 비록 일본이 우리 땅에 벚나무를 많이 심었지만 그 원산지가 우리나라라면 아껴 가꿀 이유가 되었을 테니까. 1962년 4월 19일 '일본국화 왕벚나무 원산지는 제주도'라는 기사가 동아일보에 실렸다. 이듬해 4월에도 '왕벚꽃 원산지는 역시 한라산이다'라는 기사가 같은 신문에 실렸다. 그때까지 일본에선 자생하는 벚나무가 없었다. 1965년 한국 정부는 한라산에서 자생하는 왕벚나무를 천연기념물로 지정했고 이로써 한일 벚꽃 원산지 논쟁은 끝이 나는 듯 보였다. 과연 이 벚꽃 전쟁에서 우리나라는 승리했을까? 아쉽게도 그렇지 않다.

우선 벚나무 종류는 다른 벚나무 종과 쉽게 교잡할 수 있어 기원을 밝히기가 매우 까다롭다. 이리저리 퍼져나간 것까지 포함하면 그 종류가 무려 200종이 넘는다. 일본은 본국과 한국에서 자라는 왕벚나무가 모두 재배종이라고 결론 내렸다. 즉, 한라산에서 자생하는 왕벚나무가 있는 것은 맞지만 그 역시 일찍이 일본에서 교잡해 생겨난 재배종이라고 맞선 것이다. 양측 의견이 너무 팽팽해 서로가 이겼다고만 주장할 뿐 승부는 한쪽으로 기울지 않았다.

이런 논란 속에서 죽어가던 벚나무들에게 다행인 것은 1960년대 들어 정권을 잡은 박정희 대통령이 벚꽃과 진해를 무척이나 사랑했다는 사실이다. 그는 매년 4월이면 진해공관에 머물며 휴가를 보냈고 정부요인이나 외교사절을 진해로 초대해 회담을 하거나 행사를 열곤 했다. 그는 1976년 4월 해군사관학교 졸업식에 참석한 뒤 진해시장을 만난 자리에서 "가로수뿐만 아니라 산이나 들에도 심을 수 있는 곳에는 모두 벚나무를 심어 진해시를 벚꽃의 명소가 되게 하라"고 지시했다. 해방 후 수명을 다한 뒤 어쩌면 조용히 사라질 운명이었던 진해 벚꽃이 지금껏 건재한 데는 그의 벚꽃 사랑이 영향을 미쳤을 가능성이 크다.

실제로 세계일보 류순열 기자가 쓴 《벚꽃의 비밀》이라는 책에 따르면 우리나라 벚꽃의 쇠락과 부활엔 이승만, 박정희 두 대통령의 취향이 반영되어 있다. 이승만 시절 벚꽃 관리 예산은 모두 삭감된 반면 박정희는 벚꽃을 어디에 심으라고 직접 지시할 정도였다. 서울 강변북로에 벚꽃을 심은 것도, 여의도 국회의사당 뒷길에 벚꽃 길을 조성한 것도 그의 의중일 것이라고 저자는 밝히고 있다.

세월이 한참 흘러 사람들의 취향이 다양해지고 눈은 더 높아졌지만 봄꽃은 여전히 인기 있는 여행 테마다. 진해 벚꽃뿐 아니라 구례 산수유, 제주 유채, 황매산 철쭉 등 새로운 봄꽃 여행지가 속속 나타나면서 봄꽃 여행은 갈수록 인기가 높아지는 추세다.

진해는 그동안 꾸준히 벚나무 새 그루를 심어 이제 도시 곳곳에 퍼져 있는 벚나무가 36만 그루에 달한다. 경상남도 전체에 자라는 벚나무가 대략 81만 그루라 하니 그 40퍼센트 이상이 진해에 몰려 있는 셈이다. 2014년 12월엔 전국 최초의 벚꽃 테마공원도 개장했다.

나는 그즈음 우연한 봄날에 벚꽃이 핀 진해를 다시 찾게 되었다. 창원에서 동물병원을 운영하는 지인이 우리 부부를 안민고개로 데려갔다. 그는 시원시원한 운전 솜씨로 구불구불한 산길을 잘도 치고 오르더니 어느 지점에 차를 세우고는 문을 열며 말했다. "내리세요. 여기가 벚꽃이 가장 예쁜 곳이에요."

정말 그랬다. 조명과 달빛을 한껏 받은 벚꽃이 화사한 자태로 밤의 도시를 수놓고 있었다. 사람들이 왜 벚꽃 구경을 하는지, 그 때 처음 깨달았다.

해군 출신에게 강렬한 기억을 남긴 산

천자봉과 해병혼

1995년 5월 어느 날이었다. 갑자기 내 무반에 불이 켜졌다. "전원 기상. 5분 안에 연병장 집합." 조금 전까지 코를 골던 훈련생들이 오뚝이처럼 일어나 옷을 주워 입었다. 밖엔 비가 부슬부슬 내리는데 연병장에 모인 훈련생들은 무슨 이유인지도 모른 채 좌로 구르고 우로 굴렀다. 어깨동무를 하고 앉았다 일어서는가 하면 그대로 뒤로 누웠다 일어나기도 했다. 조금이라도 행동이 굼뜨거나 대열이 흐트러지면 신경질 섞인 호통이 날아들었다. 잠은 달아난 지 오래고 누구도 불평 한 마디 하지 못했다.

군대에 와서 '식사 시간 5분'이라는 황당한 일도 겪고 막힌 변기를 아무 장비 없이 10분 만에 뚫으라는 명을 받기도 했다. 끔찍한 하루가 지나면 다음 날은 더 끔찍하기 마련이었다. 비오는 날 새벽 기합에 '이보다 더한 일이 있을까' 싶었지만 그도 아닌 모양이었다. 군대 사정에 빠삭한 누군가가 속삭이는 소리가 들렸다. "휘유, 큰일이다. 마음 준비 단단히 해. 정말 힘든 일이 기다리고 있으니까." 멀어지는 소리에 천자봉이라는 이름이 언뜻 들렸다.

해군 훈련소 생활 중 가장 기억에 남는 두 가지는 새벽훈련과 천자봉 행군이다. 진해 출신이거나 가족 중 해군이 있는 사람에겐 꽤 익숙한 단어일 것이다. 천자봉 행군을 출발하기 전 훈련생들 사이에는 긴장한 분위기가 무겁게 퍼져 있었다. 그날 행군에 대한 기억은 파편처럼 몇 개가 남아 있다. 완전군장, 가파른 경사, 비처럼 줄줄 흘러내리던 땀, 뛰어서 올라가기. 보통 산에 대한 기억은 풍경이나 산세에 대한 감상이 가장 강렬한 법인데 천자봉은 그렇지 못하다. 기억나는 거라곤 앞사람의 군화 뒷발밖에 없다.

시루봉(응산, 693.8미터) 능선이 남쪽으로 뻗으며 만든 천자봉은 높이가 502미터다. 천자봉의 또 다른 이름은 시루바위로 산 정상에 있는 큰 바위가 시루떡을 닮았기 때문이다. 해군 훈련병을 거친 사람이라면 누구나 높이 10미터, 둘레 50미터에 이르는 거대한 바위를 배경으로 찍은 사진이 한 장쯤은 있을 것이다. 천자봉 정상에 오르면 진해 앞바다가 시원하게 펼쳐지고 그 자체로 유명한 진달래 군락지이기도 하지만 제대 후엔 이 산이 꽤 오랫동안 망각 속으로 사라졌다.

해군 출신들에겐 땀 흥건한 기억에 불과하겠지만 이 봉우리에 얽힌 전설은 꽤 스케일이 크다. 일단 봉우리 이름에 '천자

(天子)'가 들어간 천자봉 아닌가. 널리 알려진 전설이 두 가지인데 각각 조선을 세운 이성계와 명나라를 세운 주원장이 주인공이다. 둘 다 재밌다.

전설 첫 번째. 오래전 천자봉 연못엔 용이 되지 못한 이무기가 살았다. 이무기는 용이 못 된 분풀이를 마을 사람들에게 했다. 지하에서 그 모습을 보던 염라대왕이 심기가 불편해 타협책을 내놓는다. "용은 못 되었지만 천자가 되는 건 어떻겠느냐?" 사람 입장에선 용보다 천자겠지만 이무기라면 어땠을까. 이무기도 싫지는 않았던 모양인지 제안을 받아들인다. 염라대왕은 이무기를 연못 아래 마을에 있는 어느 가문의 아기로 환생시킨다. 그 가문이 주 씨 가문이고 아기가 나중에 중국으로 건너가 주원장이 되었다는 이야기다.

전설 두 번째. 여기엔 함경도 사람 이 씨와 하인 주 씨가 등장한다. 이 씨는 후손 대대로 복을 모을 만한 곳을 찾기 위해 하인을 데리고 전국 명당을 유람한다. 그렇게 찾아낸 곳이 바로 천자봉. 반은 인간이고 반은 물고기인 괴물이 나타나 이들에게 명당에 대한 정보를 제공한다. 근처 바다에 가면 굴이 두 개 있는데 그 중 오른쪽 굴이 천자가 날 명당이라고 알려준 것. 이 말을 들은 이 씨는 오른쪽 굴이 자신이 묻힐 무덤이라 생각하며 세상을 떠난다. 그러나 하인 주 씨가 욕심을 내어 주인 이 씨의 유골을 왼쪽 굴에 묻고 오른쪽 굴엔 자기 선친을 모신다. 이후 주 씨 가문에서는 태조 주원장이, 이 씨 가문에선 이성계가 태어났다는 얘기다.

천자봉은 역대 해군들뿐 아니라 일부 국가대표 선수들의 체력훈련장으로도 쓰였다. 1984년 서울아시안게임(1986년)과 서울올림픽(1988년)을 대비해 진해에 선수촌이 만들어졌다. 1987년 4월 배드민턴 국가대표팀은 선수촌과 천자봉 간 4킬로미터 거리를 매일 한 번씩 왕복하며 하체를 단련했다. 1994년 한국아마야구 대표팀은 1차동절기강화훈련으로 천자봉까지 10킬로미터 산악구보를 실시했다. 문동환, 임선동, 조성민, 마해영, 심재학, 강혁이 포함된 대표팀은 그 해 10월 일본 히로시마에서 열린 아시안게임에서 은메달을 목에 걸었다.

대개의 기억은 세월이란 붓질을 더하며 어떤 부분은 옅어지고 어떤 부분은 짙어진다. 시간이 흘러 끔찍함이 아련함으로, 고통이 그리움으로 바뀌기도 한다. 천자봉에 다시 오르게 된다면 새로운 기억이 이전 기억을 덮게 될까? 그러기엔 오래전 기억의 힘이 여전히 강하다. 산을 오르는 상상을 하는 순간 종아리가 살짝 저리며 숨이 가빠졌다. 인터넷에서 해군 입대를 준비하는 누군가의 글을 읽자 오래전에 천자봉 행군을 끝낸 게 무척 다행이라는 생각이 들었다.

"해병대 천자봉 행군에 대비해 미리 준비하고 있는데요, 20킬로그램 가방을 만들어서 등산합니다."
"우리 사촌형도 부사관인데 천자봉 뛰어올라갔다고 하더라고요.

솔직히 천자봉 길이를 잘 아는데 뛰어서 올라갈 생각을 하니 걱정이 이만저만 아닙니다. ○월 ○일 입대라서 요즘 열심히 모래주머니 4킬로그램(양쪽 2킬로그램) 차고 운동장 돌고 있습니다."

로터리 세 개가 만든 도심
방사형 도시

어린 시절 집에서 시내로 나갈 땐 버스
를 탔다. 한참을 달리던 버스는 시내에 다다르기 전 크게 원을
그렸다. 창가에 앉으면 창 쪽으로, 복도 쪽에 앉으면 옆 사람에
게로 몸이 쏠려 의자를 꽉 잡고 버텨야 했다. 서 있을 때도 몸
이 휘청이는 걸 어쩔 수 없었다. 버스가 도는 로터리 중앙에 분
수가 있었기 때문에 다들 분수로터리*라 불렀다. 분수로터리
에서 원을 그린 버스들은 하나는 시장 쪽으로 가고, 다른 하나
는 극장가 쪽으로 올라갔다. 시외버스터미널에 갈 때는 분수로
터리를 지나 또 다른 로터리를 지나야 했는데 다들 6호광장**
이라 불렀다. 신호등 없이도 차들은 로터리를 잘도 돌면서 빠

●　과거 KT마산지점 앞 네거리에 있던 서성동로터리. 1990년 철거되었다.
●●　마산에서 마지막까지 남아 있던 로터리식 통행구간으로 2003년 철거되었다.

져나갔다. 가끔씩 잘 빠져나가지 못하거나 급하게 끼어드는 차들 때문에 버스가 급정거하고 경적을 울리는 경우도 있었지만 대체로 잘 오갔던 것으로 기억한다.

변화는 갑자기 찾아오지만 그 당시엔 서서히 이루어진다고 느낀다. 다 지나고 나서 생각하면 그것이 '갑자기'였다고 깨닫는 식이다. 신호등 없이 돌아가는 회전교차로는 어릴 때 아주 익숙한 풍경이었지만 어느 순간 흔적도 없이 사라지고 말았다. 기억은 참 냉정해서 애정을 쏟은 만큼만 기억한다. 그렇게 오랫동안 봤음에도 무심코 지나쳤기 때문인지 관련된 기억이 희미하다.

방사형 도로는 유럽 도시들에서 아주 흔하게 보는 유형이다. 도시 전체에서 가장 중심이 되는 지점을 두고 그곳에서 도로가 뻗어나간다. 위에서 보면 길들이 햇살처럼 뻗어나가는 모양이 아주 시원하고 아름답게 보인다. 방사형 도로의 중심엔 당연히 도시를 대표하는 상징물이 있고 사람들은 그 상징을 통해 도시를 기억한다. 파리의 개선문이 대표적이다. 영국 런던, 이탈리아 로마, 독일 카를스루에, 호주 캔버라, 인도 뉴델리도 방사형 도로가 있는 도시들이다.

내 어릴 적 기억처럼 국내 많은 도시들도 한때 경쟁이나 하듯 방사형 도로를 만들었지만 어느 순간 모두 지도에서 사라졌다. 교통 흐름을 방해한다는 이유에서다. 그런 점에서 진해는 시대의 도도한 흐름 속에서도 대체로 원형을 유지한 채 살아남

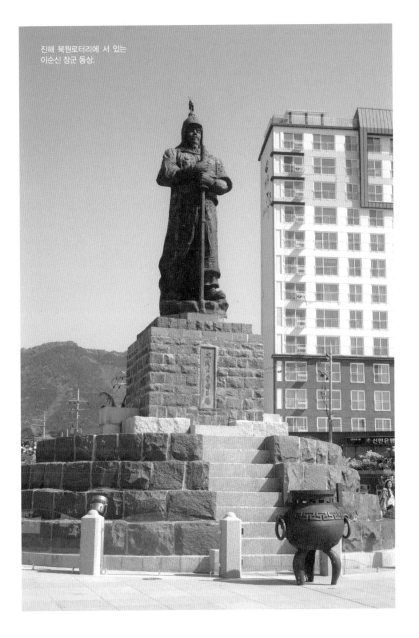

진해 북원로터리에 서 있는
이순신 장군 동상.

진해벚꽃이 한창일 때 군항제가 열린다.

진해에는 일제강점기에 세워진 건물들이 아직 많이 남아 있다. 사진은 새수양회관.

과거 해군통제부 병원장 관사로 쓰였던 선학곰탕.

일제 때 주상복합 건물인 장옥집들이 모여 있는 거리.

역전마크사. 군복에 마크와 이름표를 달아주던 상점이다.

© 창원시

주남저수지의 여명.

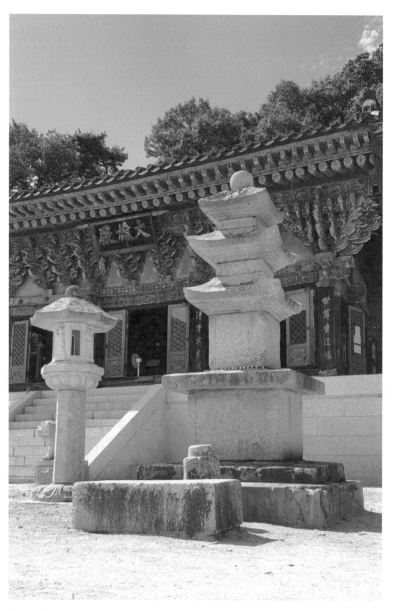

창원 성주사.

은 근대 유적 같은 도시다.

조선을 차지한 일제는 1912년 진해를 국내 최초의 방사형 계획도시로 만든다. 일단 도시에 세 개의 원을 그렸다. 한가운데는 중원(中苑), 거기서 북쪽은 북원(北苑), 남쪽은 남원(南苑)이다. 당시엔 중십(中辻), 북십(北辻), 남십(南辻)이라 불렀다. 십은 '네거리, 큰 길'이라는 뜻이다. 중원에서 뻗어나간 도로는 8거리, 북원과 남원에서 뻗어나간 도로는 5거리로 이 골격은 지금도 그대로 유지되고 있다.

계획도시 진해가 들어선 곳은 원래 조선인들이 농사를 짓고 살던 지역이었다. 신도시를 만든다는 이유로 사람들은 모두 외곽으로 쫓겨나고 1000년 이상 터를 지키며 농민들의 쉼터로 사랑받고 신성시되던 나무만 살아남아 중원의 중심을 지켰다. 남의 땅에 지배자로 들어온 일본인이라면 자기 나라를 상징하는 그 무언가를 방사선 도로 한복판에 세웠을 법도 한데 어찌된 일인지 오래된 팽나무를 건드리지 않았다.

세 개의 원을 중심으로 도시를 만들었으니 주요 관공서와 건물들이 원 주위로 들어섰다. 해방 이후 세월이 흐르면서 많이 사라졌지만 다른 도시들에 비하면 그래도 살아남은 건물이 제법 된다. 중원로터리 근처 진해우체국(사적 제291호)은 1912년에 만들어졌다. 타임머신을 타고 나타난 것처럼 감쪽같다. 러시아풍 3층 목조 건물인 새수양회관은 1920년대에 만들어졌다. 지붕이 독특한 육각 모양인데 당시 중원로터리 주변에 있던 육각 누각 세 채 가운데 유일하게 살아남은 건물이다. 남원 로터리에 더 가까운 선학곰탕은 과거 해군통제부 병원장 관사로 쓰였다(1938년 건립). 지금은 식당으로 운영되고 있지만 옛 건물 형태를 잘 보존해 등록문화재 제193호로 지정되었다. 일제강점기의 주상복합 건물 6채가 붙어 있는 장옥거리도 근처에 있다. 1층은 상가, 2층은 살림집으로 쓰였다. 중원로터리에서 북쪽, 북원로터리에 더 가까운 진해역(등록문화재 제192호)은 1926년에 만들어졌다.

중원 · 북원 · 남원 로터리 일대는 해방 이후에도 가장 붐비는 거리였다. 해방 후 지은 건물 중 흑백다방과 영해루(현 원해루)는 지금도 건재하다. '시민공간 흑백'으로 간판을 고친 옛 흑백다방은 청마 유치환, 미당 서정주, 화가 이중섭, 시인 김춘수, 작곡가 윤이상 등 당대 예술가들이 즐겨 찾던 장소였다. 중화요리집 영해루는 임권택 감독의 영화 〈장군의 아들 2〉 촬영지이면서 과거 중화민국 장제스 총통이 방문한 곳으로 유명하다. 영해루의 개업연도는 1956년으로 알려져 있으나 장제스가 이승만 대통령과 회담하기 위해 방한한 때는 1949년이었다. 장제스 총통의 방문이 사실이라면 영해루의 개업연도는 1949년이나 그 이전으로 거슬러 올라가야 옳다.

군생활을 하던 20대의 내게 중원로터리는 살아있는 역사박물관이 아니라 단지 헷갈리는 도로였다. 하루나 반나절 외출 기회가 생기면 군인들은 일단 가장 붐비는 장소이자 시내 중심가인 중원로터리로 나갔다. 그곳에서 볼 일이 있을 때도 있고 그냥 사람 구경을 하고 싶어 가기도 했다. 목적이 있거나 없거나 거기였다. 일단은 중원에 가서 목적지를 정하면 됐다. 어느 길은 탑산으로 향하고 어느 길은 중앙시장으로 향했다. 명찰마크사가 모인 거리*도 있었는데 문제는 매번 헷갈렸다는 점이다. 동서남북으로 헤아릴 수 없는 8거리는 너무 난해했다. 시간이 넉넉할 때는 골목을 헤매는 것도 재미였지만 시간이 부족할 때는 "왜 이따위로 도로를 만들어서"라는 볼멘소리가 튀어나왔다.

인간의 상상력에는 한계가 있다. 단순한 안내문이나 표지석만 읽어서는 상상할 수 없는 것을 그 당시 건물이나 물건을 보면 더 현실감 있게 느낄 수 있다. 진해의 중원·북원·남원 로터리는 그런 영감을 주는 곳이다. 100여 년 전 만들어진 도로와 건물들이 그대로 남아 오래전 그 때를 떠올리게 한다.

이제는 오래된 흑백사진에서나 볼 수 있는 100년 전 풍경이 그리운 사람들이 진해 중원로터리를 찾는다. 한국관광공사가 2015년 5월 가볼 만한 전국 9곳의 명소에 진해 중원로터리를 포함한 데는 그런 이유가 있었다. 관광공사는 '그 때 그 시절의 가족 나들이 공간'이라고 추천 이유를 달았다.

●　군항도시인 진해엔 군인들의 군복에 마크와 이름표를 달아주던 마크사들이 많았다. 마크사와 군복 수선집이 밀집했던 곳을 지금도 '마크사거리'라고 부른다.

　로터리는 둘러가는 길이다. 내가 정면으로 가고 싶어도 직진할 수 없다. 반드시 반원을 그려야 나아갈 수 있으며, 좌회전을 하고 싶을 때도 직각으로 바로 꺾는 게 아니라 반원을 돈 뒤 다시 90도를 더 돌아서 빠져나가야 한다. 직선이 익숙한 세상에서 로터리는 낯설고 불편한 방식이다. 하지만 진해에는 그 방식이 지금껏 살아남아 있다.

1910년대
진해면의 모습

8거리로 갈리는
중원로터리 이정표

국내 최대 태양광 발전시설과 바다공원을 만나다
창원해양공원

몇 해 전 재미있는 곳이 있다며 아내와 지인 몇을 데리고 진해로 갔다. 바다 바로 앞에서 우뚝 솟은 타워의 자태가 시원했다. 일행은 고속 엘리베이터를 타고 120미터 높이까지 올라갔다. 엘리베이터 문이 열리자 커다란 창밖으로 바다가 한눈에 들어왔다. 모두들 "와" 하며 짧은 탄성을 내뱉었다. 너른 바다 위에 펼쳐진 그림 같은 섬들을 바라보다 모두의 시선이 한 곳으로 쏠렸다. 섬과 섬 사이를 징검다리처럼 연결하고 있는 그것. 입이 꿈틀거렸다.

"저기가 거가대교예요. 저기 오른쪽은 거제도고요. 두 개 섬을 잇다가 다리가 갑자기 없어졌죠? 저쪽에선 다리가 바다 밑에 있는 거예요. 바다 밑으로 쏙 들어갔다가 짠하면서 튀어나오는 다리예요. 신기하죠?"

배경지식을 알면 풍경이 남다르게 보이는 법이다. 일행에게 창 밖 풍경이 새롭게 다가가길 바라며 이런저런 설명을 해주었다. 일행을 한 방향으로 이끌며 걷다가 어느 지점에서 아내에게 발밑을 보라고 했다. 순간 겁 많은 아내가 비명을 지르며 손사래를 쳤다. 바닥이 투명 유리로 되어 발부터 지상까지 수직 120미터 깊이를 눈으로 확인할 수 있는 장소였다. 아내가 기겁을 하며 뒷걸음질하자 나머지 일행이 깔깔거렸다. 아내는 '과도한 충격은 자제해 주십시오'라고 적힌 경고판을 가리키며 "저것 봐!"라고 소리를 질렀고 나는 "제한하중 300킬로그램이야. 괜찮아요."라고 했지만 이미 들리지 않는 듯했다.

일행 중 휠체어를 탄 여자 후배 예솔이 그 틈을 비집고 "저도 보고 싶어요"라며 앞으로 나섰다. 예솔은 몸이 불편하지만 겁이 없다. 유리 위로 올라가자 아내와는 다른 의미로 꺅 소리를 지르며 열심히 사진을 찍었다. 그 광경을 아내는 의아해하며 바라봤다.

2013년에 문을 연 창원솔라타워는 국내에서 가장 큰 태양광 발전 시설이다. 200여 개 태양광 모듈에서 생산되는 전기량이 시간당 1264킬로와트. 하루에 대략 200가구가 쓸 수 있는 양이 나온다. 솔라타워에서 만든 전기로 해양공원을 움직이고 있다. 솔라타워는 음지도에 있는 창원해양공원의 랜드마크다. 국내 해상 건물 가운데 가장 큰 136미터 높이를 자랑한다. 음지도의 가장 높은 곳에서 솟아 있어 더욱 높아 보인다. 120미터 높이의 전망대에서는 거제도를 비롯해 진해 앞바다에 떠 있는 여러 섬들이 한눈에 조망된다. 각 섬의 이름과 섬까지의 거리도 적혀 있다. 소쿠리섬(1.2km), 웅도(1.5km), 초리도(2.5km), 부도(5.7km), 실리도(8.1km)는 거리가 나오지만 윗꼬지섬, 아래꼬지섬, 을미도는 거리 표시가 없다. 매립을 통해 육지화되었기 때문이다. 진해 앞바다에 떠 있는 섬들을 공부하려면 창원 솔라타워 전망대에 오르면 된다. 맑은 날엔 일본 대마도까지 내다보인다. 여기서 대마도까지는 불과 74킬로미터. 그 옛날 왜구들이 왜 그렇게 남해안을 자주 노략질했는지 이해가 되는 거리다.

창원해양공원은 솔라타워 외에도 볼거리가 제법 많다. 해양생물테마파크와 어류생태학습관에서는 바다 속 세계를 엿볼 수 있다. 각종 바닷물고기 박제 모형이 실제처럼 생생하고 작은 수족관에서는 살아있는 바다생물들이 관람객을 맞이한다. 바다조개들에 알록달록 색을 입혀 붙여놓은 조개 탑은 사진을 찍기에 좋고 다양한 조개를 감상하는 재미가 있다. 감귤가리비, 비단가리비, 로얄부채가리비 등 조개 이름들도 예쁘다.

진해는 바다도시이기도 하지만 해군이 상주하는 군항도시다. 이런 특징을 반영한 곳이 해양공원 내 해전사체험관과 군함전시관이다. 해군참모총장이 기증한 각종 모형 선박을 비롯해 퇴역함 세 척이 공원에 있다. 세 척 가운데 강원함은 실내를 개방한 관광용 선박이다. 길이 119미터의 이 배는 1944년 미국에서 만들었으니 나이도 꽤 많다. 한국전쟁에도 참전한 배를 1978년 한국해군이 인수해 사용하다가 2000년 12월 퇴역했다. 해전사체험관과 군함전시관에는 아이들이 좋아할 전시물도 많은데 해전체험 시뮬레이터가 대표적이다. 배를 움직이는 조타실에 입장해 가속과 감속을 해보고 조종간을 위아래로 움직이며 미사일을 발사하는 체험이 가능하다. 돌고래 소리, 물 속 소리, 고래 소리를 비롯해 잠수함에서 나는 소리인 능동소나 소리, 수동소나 소리, 엔진 소리 등을 버튼을 눌러 비교하며 들어볼 수 있다.

타워가 있는 곳에서 가까운 작은 섬을 보행로로 건너갈 수 있다. 이 섬 이름은 우도 또는 나비섬이라고 부른다. 민가도 제법 있는 이 섬은 배가 아니면 걸어서만 들어갈 수 있는데 열심히 뛰면 10분에도 다 돌겠다 싶을 만큼 작다. 하지만 백사장도 있고 백사장 앞에 또 다른 꼬마섬도 품고 있을 뿐 아니라 밭도 제법 알차다.

창원해양공원은 그 외에도 사진 찍을 곳이 많다. 창원시 마크인 바람개비 형상이 있는 피크닉잔디공원에서 사진을 찍다가 일행 중 한 명의 모자가 바람에 날아가는 바람에 난리가 났다. 공원을 품은 음지도가 너른 바다를 정면으로 맞서고 있는데다 공원이 언덕 정상부에 있어서 바람이 아주 세다.

진해는 오랫동안 벚꽃과 해군을 빼면 기억할 것이 없는 도시였다. 벚꽃을 심는 지역은 점점 늘어나지만 해군의 숫자는 계속 줄고 있다. 벚꽃과 해군만으로는 진해의 성장이 어렵다고 다들 생각한다. 새로운 진해의 시작에 창원솔라타워가 중요한 역할을 할 수 있지 않을까? 진해는 2015년 3월 29일 창원해양 공원 관람객 100만 명 돌파를 축하하는 기념행사를 열었다.

해양공원에 전시된 퇴역 강원함

예상 밖 방문, 기대 이상의 매력

김달진문학관과 소사마을

비가 억수같이 내리는 날이었다. 하늘
에 구멍이 뚫린 것처럼 쏟아져 내렸다. 그냥 집으로 돌아갈까
싶었지만 달려온 길이 아까워 계속 달렸다.

"우리 어디 가는 거야?"

"김달진문학관."

"김달진이 어떤 사람인데?"

"문학관을 만들 정도로 진해에서 아주 유명하신 분."

아내는 내가 잘 모른다는 걸 알고 더는 묻지 않았다.

진해 소사마을에 도착하자 비는 더욱 거세졌다. 차 안에서
좀 누그러지기를 기다렸지만 하늘은 그런 어설픈 기대는 하지
말라는 듯 바람까지 동반해 비를 몰아쳤다. 황급히 문학관 안
으로 대피했다. 사람은 아무도 없었다.

"이 분 그냥 문학하는 분이 아닌데. 성품이 대쪽이시네."

실내를 빠르게 훑어본 아내가 전시 패널의 한 대목을 가리키며 말했다. '중학교 4학년 때 일본인 영어교사 추방운동 벌이다 퇴학'이란 내용이었다. 1926년이면 일본이 확실하게 조선을 지배한 시절인데 일본인 영어교사 추방운동이라니, 보통 배짱은 아니셨던 모양이다. 아내가 몇 군데를 더 가리켰다. '계광보통학교에서 7년 동안 아이 지도' '1941년 일경을 피하기 위해 북간도 용정으로 떠남.' 계광보통학교는 1919년 교사들이 4·3 독립만세운동을 주도한 곳이었다. 김달진 선생이 그 사실을 몰랐을 리 없다.

"이 분 수행도 많이 하셨네. 불교 공부도 많이 하시고."

'금강산 유점사에서 수행' '함양 백운산에서 수행' '중앙불교전문학교(현 동국대) 입학'. 아내의 말처럼 김달진 선생은 당대를 대표하는 불교학자이자 시를 쓰는 문인이었다. 서정주, 김동리 등과 함께 동인지 '시인부락' 활동을 했고 1940년엔 시집 《청시》를 펴낸다. 춘원 이광수의 권유로 동아일보 기자 생활을 했으며 오랫동안 교편도 잡았다. 다양한 분야에 재능이 있어 여러 가지 일을 했지만 가장 큰 업적을 남긴 것은 역시 불교와 한시 쪽이었다.

1962년 우리나라 최초로 팔만대장경 한글번역 사업이 시작되었다. 일반인과 신도들에게 불교의 깊은 뜻을 알리기 위한 대중화 작업으로, 김달진 선생은 14명의 번역 종사위원 가운데 한 명으로 참여한다. 1972년엔 신라시대에 만들어진 목판 인쇄물인 다라니경 원서복원 작업에도 전문위원으로 위촉되어 참여한다. 한국의 대표적 고승인 보우, 나옹, 의천, 지눌의 말씀들을 옮기는가 하면 《장자》《법구경》과 같은 책도 펴낸다.

1987년엔 2년여의 작업 끝에 당나라 시인 132명의 시 700여 편을 번역 출간한다. 당시로는 국내 출판 사상 최대 규모의 번역서였다. 그의 번역은 뛰어난 한문 실력과 시적 감수성 덕분에 더욱 인정받았다. 예를 들어 '一流一不流'(일류일불류)를 '하나는 흐르고 하나는 흐르지 않고'로 직역하는 대신 '물은 흐르고 돌은 흐르지 않는다'로 의역했다. "한시 번역은 말이 통하게 하는 것이 가장 중요하다"는 것이 그의 지론이었다. 칠순이 넘은 뒤에도 매일 원고지 30장 이상씩 번역하고 맥주 5병씩을 비울 정도로 열정이 가득했던 그는 1989년 82세 나이로 세상을 떠난다. 떠나기 얼마 전에도 "앞으로 시경을 번역하고 싶다"는 말을 남겼다고 한다.

1992년 10월 김달진 선생은 은관문화훈장을 받는다. 화가 박수근, 시인 김춘수, 천상병, 신경림, 바둑기사 조훈현, 조치훈 등이 은관문화훈장을 받았다. 1996년 제1회 김달진문학제가 열리고 김달진문학상이 만들어졌다. 지금까지 유안진(시인), 김남조(시인), 황동규(시인). 나희덕(시인), 장석남(시인) 등이 이 상을 받았다.

비가 살짝 누그러지자 아내가 말했다. "밖에 갤러리파크 가는 길이라고 표시되어 있던데 가볼까?" 김달진문학관과 생가가 있는 소사마을은 어린 시절 외가를 생각나게 하는 시골 동네다. 이런 곳에 이름도 거창한 갤러리파크라니, 호기심이 생겼다. 그 결정이 우리를 물에 빠진 생쥐 꼴로 만들 줄은 꿈에도 몰랐다.

코너를 돌면 보이겠지 하는 마음으로 계속 걷다가 동네를 다 빠져나가도록 갤러리파크는 보이질 않았다. 비는 다시 주룩주룩 내리기 시작했고, 온 길이 아까워 돌아서지도 못하고 계속 걷다가 '도대체 있긴 있는 건가' 의구심이 들 때쯤 갤러리파크를 만났다. 실내외에 미술품이 한 가득 전시된 갤러리파크는 비만 오지 않는다면 한 시간 이상 머물러도 지루하지 않을 공간이었다. 이곳을 꾸민 박배덕 씨는 진해예술총회장 출신으로 현역 작가로 활동 중이다.

마을로 돌아와 김달진 생가로 들어가자 '부산라디오' '藝術寫眞館' 등 옛날 드라마 세트장에서나 볼 법한 간판들이 눈에 들어왔다. 피곤하다는 아내를 먼저 차에 태워놓고서 혼자 간판을 따라가자 김씨박물관이 나왔다. 아주 작은 집에 별 기대도 없이 들어섰지만 거미줄에 잡힌 나방처럼 그곳에 오래 머물게 되었다. 동그란 괘종이 달린 벽시계, '로보트태권V 우주

작전' 그림이 뚜렷한 책가방, 연날리기에 쓰던 얼레, 몸체 전부
가 쇠붙이로 된 재래식 다리미, 한때 세계적 기업이던 프라이
덴(Friden)에서 만든 초기 타자기, 날개가 세 개밖에 없는 미쓰
비시 선풍기 등 흥미를 끄는 옛날 물건들이 출근길 지하철처럼
방 안을 빼곡히 채우고 있었다.

아내가 기다린다는 생각에 박물관을 나서는데 이번엔 소
사주막이라는 글자가 눈에 들어왔다. 주막? 요즘 마을에 웬 주
막? 어찌 생겼는지 입구나 볼까 하는 마음에 길을 쫓았다가 또
생각보다 많이 걸었다. 초가집 모양에 전과 막걸리를 파는 곳
이려니 했는데 입구에서 실내를 들여다보는 순간 또 마음을 빼
앗기고 말았다. 오래된 흑백사진과 옛날 물건들이 '어서와' 하

김달진 시인 생가

며 손짓을 했다.

소사주막이 있는 자리는 조선시대에 웅천현과 김해부로 가는 삼거리가 있었다는 주막 터로, 생활용품 수집가이며 먼저 들른 김씨박물관 관장이기도 한 김현철 씨가 운영하고 있다. 이름답게 음식을 팔기도 하지만 무엇보다 김현철 관장 집안의 100년 이야기가 담긴 곳으로, 공간 구석구석에 김 관장 친가와 외가의 유품들이 전시되어 있다. 한쪽에서 뚝딱뚝딱 소리가 들려 따라가 보니 한 남자가 톱과 망치로 작업을 하고 있었다. 한눈에 그가 김현철 관장임을 알아챘다.

"잘 왔어요. 봅시다. 시간 있어요? 내가 이야기가 아주 많아. 그거 다 들으려면 마음 단단히 먹어야 할 거요."

김씨박물관에서 만난 추억의 물건들

그랬다. 조선 말 민족사학 교원이었던 할아버지와 사진관을 운영했던 외가, 마산 갑부였던 증조외할아버지의 삶, 그리고 소사주막 주모가 아닌 주부(?)로 살아가고 있는 그의 이야기는 천일야화 그 자체였다. 재미있지만 점점 부피가 커져가는 김 관장의 이야기를 듣다가 차에서 하염없이 기다리고 있을 아내 얼굴이 떠올라 그만 인사를 하고 자리에서 일어났다.

'하, 소사마을 도대체 뭐지. 캐도 캐도 자꾸 볼 게 나오는 도깨비마을 같네.' 이런 생각을 하며 두근두근한 마음으로 차문을 열고 아내를 불렀다. "미안, 많이 늦었지?" "괜찮아. 잘 쉬었어. 구경 잘했어?" 이런, 뜻밖에도 도깨비 같은 반응이다. 혹시 소사마을의 힘?

겨울 별미, "이 맛 모르고 먹지 마오"

가덕대구와 용원어시장

아버지는 통영 앞바다 사량도 출신이
시다. 바다와 생선이 익숙하고 해산물 사랑이 각별하다. 딴 건
몰라도 해산물만은 최상급을 먹어야 된다. 그런 아버지에게 입
이 크다고 해서 이름이 대구인 생선에 대해 물었다.

"대구? 많이 먹었지. 어릴 때 엄청 먹었지. 저기 섬에서 친척 되는
형님이 대구 어장을 했다. 통발로 잡았는데 하루에 3,40마리씩 잡
았어. 작은 게 두 자(약 60센티미터), 큰 거는 1미터쯤 됐지."

아버지가 기억하는 그 시절 대구 최고 어장은 진해와 거제
도 사이 바다였다. 진해만(鎭海灣)이라 불렀다. 우리나라 모든
바다에서 대구가 잡혔지만 진해만에서 잡히는 것을 맛과 크기
에서 최고로 쳤다. 아버지는 "그 당시엔 남해안 대구라 불렀고
다들 우리나라 최고라 했다"며 오래전부터 유명했다고 설명

했다.

예로부터 우리나라에선 흔히 여름 생선은 서해의 조기, 겨울 생선
은 남해의 대구(大口魚)를 친다. 우선 맛이 좋다. 그 중에서도 진해
만 대구가 최고다. (동아일보 1979. 2. 19)

이 기사에서도 진해만 대구의 명성은 확인된다.

찬 바다를 좋아하는 대구는 주로 북반구 한류 바다에서 살
다가 알을 낳을 때가 되면 한류를 따라 남으로 내려온다. 서해
쪽으로도 가는데 그 숫자가 동해와 남해로 내려오는 숫자에 비
할 바 아니다. 게다가 서해 대구는 동해 대구에 비해 크기도 절
반 정도다. 그래서 서해 대구를 왜대구라 부르기도 한다.

알을 낳기 위해 동해와 남해를 찾는 대구의 산란지로 가장
비중이 큰 곳이 진해만이다. 대구들은 대략 5월까지 진해에서
살다가 수온이 올라가면 다시 동해와 오호츠크해, 베링해 쪽으
로 옮겨간다. 그리고 알을 낳을 때가 되면 다시 진해를 찾는 대
표적인 회유성 어종이다. 명태처럼 한때 대구도 씨가 말랐지만
어족자원 보존 정책을 꾸준히 펼쳐 겨울 대구가 되살아나기 시
작했다.

그렇다면 옛날엔 대구를 어떻게 먹었을까? 요즘은 대구볼
찜이 유명하고 대구회도 즐겨 먹는다. 아버지께 다시 물었다.

"대구볼찜이란 요리는 옛날엔 없었지. 그래도 볼과 아가미 아랫살이 제일 맛있다는 얘기는 했다. 회로 먹진 않았다. 회를 먹는 방법을 몰랐으니까. 제사상에도 대구를 쪄서 올렸다. 할머니가 참 잘하셨는데, 살아 계실 때 비법을 물어봤으면 좋았을 텐데…. 그땐 주로 찌개로 먹었다. 대구가 11월부터 1월까지 제일 많이 잡히는데 그 때 먹을 만큼 먹고 나머지는 말렸다. 말린 대구가 소주 안주로 최고였지."

이쯤에서 아버지는 그 시절 꼬득꼬득하게 잘 말린 대구를 떠올리며 입맛을 다시는 것 같았다.

예나 지금이나 우리나라에서 대구는 흔한 생선이다. 시장에 흔하고 집에서도 잘 해먹으니 식당에서 사먹는다는 생각을 하지 않았다. 요즘 들어 대구탕은 해장용으로, 대구볼찜은 미식가들이 찾는 음식으로 인기가 좋다. 그러나 아이러니하게도 진해만 대구로 유명한 진해 시내에선 대구 요리로 유명한 식당을 찾아보기 힘들다. 진해만 대구를 원하는 사람들은 진해 시내로 오지 않기 때문이다. 그들이 찾는 곳은 따로 있다.

진해만에서 잡히는 대구를 경매하는 곳은 두 곳, 거제 외포항과 진해 용원항이다. 용원은 진해에서 가장 동쪽으로 서부산과 맞닿아 있다. 부산 시내버스가 출발하는 곳이고 부산신항만, 르노삼성자동차 부산 공장을 곁에 두고 있다. 부산 같은 진해인 셈이다.

2003년 부산진해경제자유구역이 조성되고 2010년 이후 부산신항과 거가대교(부산 가덕도와 거제도를 잇는 다리)가 들어서면서 용원어시장으로 몰려드는 사람이 몇 배는 늘었다. 진해구는 거가대교 개통 후 방문객이 두세 배 늘었다고 밝혔다. 거제도에 들어가기 직전, 혹은 거제도에서 나오며 식사를 위해 용원항을 찾는 수요가 생긴 것이다.

김동일 씨는 부산 자갈치시장에서 수산물 유통업을 한다. 사는 곳은 진해와 인접한 부산 강서구. 수산물을 아주 좋아하는데다 자타공인 '회 전문가'다. 본인이 부산 사람으로 어시장에서 수산물을 판매하지만 그 또한 대구에 관해선 자갈치보다는 용원이 우위임을 인정했다.

"내가 대구회를 좋아하진 않는데… 뭐랄까, 맛이 좀 밍밍하다고 할까. 씹는 식감이 없고 너무 부드러운 것도 내 취향이 아니고 말이야. 그래도 대구 하면 역시 용원이라고 해야겠지. 가덕도에서 잡히는 대구를 최고로 치는데 가덕대구가 바로 용원에 모이거든. 겨울철 대구를 맛보려면 용원으로 가는 게 맞지."

호불호가 갈리는 대구회와 달리 대구탕과 대구찜은 많은 이들이 좋아한다. 그래서 겨울철이면 용원어시장엔 더욱 사람이 몰린다. 살아있는 대구, 말린 대구 모두 살 수 있는 곳이 바로 용원이다. 12월부터 2월까지 대구 산란기가 되면 용원의 식당들에선 어디서나 대구탕과 회를 내놓는다. 특이한 점은 알때문에 보통 암컷이 더 비싼 다른 어류와 달리 대구는 수컷이 비싸다는 점이다. 바로 고니라 불리는 정소 때문이다.

용원어시장에선 '진해만 대구'라는 표현 대신 '가덕 대구'라고 부른다. 제철이 되면 '가덕대구 전국포장택배'라는 입간판을 흔히 볼 수 있다. 가덕도는 행정구역상 부산이다. 용원동은 진해구에 속하지만 진해 시내에서는 꽤 멀고 분위기가 또 다르다. 그 점이 용원의 특징이자 매력이다.

어쨌든 중요한 건 겨울이면 대구를 먹으러 용원에 가야 한다는 점이다. 70년이 넘는 세월 동안 숱한 대구를 먹은 아버지에게 겨울에 용원에 가면 어찌 해야 하는지 물었다.

"먼저 시장에 가서 산 놈을 한 마리 사야지. 그 다음에 식당에 가서 회를 떠 달라 하고 나머지는 찌개로 먹어야지."

어머니 말에 따르면 아버지는 대구를 먹을 때는 매운탕도 항상 맑은국을 주문한다. '대구회는 밍밍하다'는 김동일 씨와 맑은 대구탕을 주문하는 아버지의 취향의 차이. 문득 대구의 맑은 맛이 무엇일까 궁금해졌다. 이번 겨울에 용원에 갈 이유가 생겨버렸다.

어른 주먹만 한 게 꼬막? 맛은 어떨까!

진해만 피꼬막

어린 시절 어머니는 경조사가 생기면 별 무게감 없는 말투로 물었다. "갈래?" 뭐, 니가 가고 싶겠니? 안 가도 상관없다는 말처럼 들렸다. 그때마다 나는 기다렸다는 듯이 "네"라고 답했다. 이유는 경조사 때마다 나오는 음식 때문이다. 잔칫상엔 내가 좋아하는 요리가 많았는데 전과 편육 그리고 꼬막무침을 특히 좋아했다. 식사가 나오기 전 자리에 앉아 꼬막을 몇 접시나 비웠던 기억이 난다. 그릇 한쪽에 수북이 쌓이는 꼬막 껍데기를 보는 게 즐거웠다. 나름 균형을 맞춰 껍데기 산을 쌓았다. 게걸스럽게 먹었다는 느낌을 주고 싶진 않았다.

집에서도 어머니는 종종 꼬막무침을 내놓으셨다. 그 때도 내 손이 무척 바빴을 것이다. 꼬막무침이 나오면 밥 먹는 것도 잊고 젓가락으로 부지런히 살을 집어 올렸다. 다른 걸로 배를 채우기가 아깝다는 생각마저 들었다. 세월이 흘러 어느 순간, 크기가 몇 배나 되는 꼬막이 밥상에 올라왔다. 앙증맞게 생긴 꼬막과 달리 덩치가 너무 커서 조금 무섭게 느껴졌다. 껍데기도 두꺼웠을 뿐 아니라 살점을 한 입에 다 넣기도 부담스러울 정도였다. 꼬막이 갑자기 왜 이리 커졌는지 궁금했지만 그냥 시간이 흘렀다.

몇 년 전부터 진해만 피꼬막이 유명하다는 이야기가 간간히 들려왔다. 꼬막이나 참꼬막은 들어봤어도 피꼬막은 생소했다. 그게 뭘까? 피꼬막의 다른 이름은 피조개란다. 지금껏 꼬막하면 전라남도 벌교를 떠올렸는데 인근 진해가 피꼬막 생산지라니 그것도 의아했다. 해수욕 하러 서울에 간다는 말만큼이나 어색하달까.

꼬막은 참꼬막, 새꼬막, 피꼬막(피조개)으로 나뉘는데 벌교에서 유명한 건 참꼬막이고 진해에서 유명한 건 피꼬막으로 그 종류가 다르다. 크기는 참꼬막이 가장 작고 그 다음이 새꼬막, 그리고 피꼬막이 가장 크다. 껍데기에 골이 팬 건 비슷하지만 참꼬막은 표면에 털이 없고 19-21줄 정도의 골이 있는 반면, 피꼬막은 털이 있다. 바다에서 잡아 올리는 방식도 다르다. 참꼬막과 새꼬막은 갯벌에서 널배라는 도구를 밀고 다니며 주로 손으로 캐는 반면 피꼬막은 어선을 타고 가까운 바다로 나가 수심 5~10미터 아래에 큰 갈고리를 내린 뒤 모래갯벌을 긁어서 채집한다. 꼬막은 다른 패류와 달리 피 성분이 사람과 같은 헤모글로빈이다. 그 중에서도 피꼬막은 큰 몸집만큼이나 피가 흥건하게 고여 눈길을 끈다. 피꼬막이란 이름이 붙은 이유다.

벌교 꼬막이 유명한 건 대한민국 사람이 다 아는데 진해 꼬막은 지역 내에서도 아는 사람을 찾기 힘들었다. 왜 그랬을까? 이유는 피꼬막(피조개)이 일본에서 초밥 재료로 워낙 인기가 좋아 생산량 대부분을 수출했기 때문이다. 1970~80년대에 피조개는 수산물 수출 1등 품목이었다. 1988년 한 해에 수출된 피조개 물량이 대략 1600억 원 수준. 당시 수산물 수출의 절반을 차지할 정도였다. 피조개를 '아카가이'(아카는 '붉다', 가이는 '조개'라는 뜻)라 부르는 일본인들은 진해산 피조개를 '진까이'라 부르며 더 특별히 대접했다. 당시 진해에서 피조개 수출업체만 대략 20여 개. 어민 한 명당 연 수익 4000만 원을 기록할 정도로 인기가 좋았다.

바닷물이 잔잔하고 조류 흐름이 완만한 진해만은 부드럽고 깨끗한 펄 덕분에 피조개 양식에 적합했다. 마치 피조개를 위해 마련된 특급 거주지 같았다. 애초에 그런 환경이었으니 신이 내린 선물이라 해야 할 것이다. 하지만 인간은 자연환경을 거스르는 힘이 있다. 그즈음 진해만에서 부산신항 건설 작업이 시작되었다. 펄과 조류에 영향을 미칠 수밖에 없는 대규모 사업이었고 지구의 기후변화로 바다 수온도 바뀌기 시작했다.

보금자리 환경이 달라지자 피조개는 크게 스트레스를 받았다. 1990년대에 들어서자 종패를 해도 살아남는 비율이 눈에 띄게 줄었다. 종패에서 성체로 자라는 비율이 1~2퍼센트에 불과했다. 생존율이 떨어지자 생산량은 급감하고 가격은 폭등했다. 가격경쟁력이 약화된 자리를 중국산 피조개가 파고들었다. 1988년 일본 시장의 98.6퍼센트를 차지했던 한국산 피조개 점유율이 한 해만에 81.9퍼센트로 떨어진 반면 중국산은 1.4퍼센트에서 18.1퍼센트로 크게 늘었다. 피조개 전성기였던 1986년 5만8000톤에 달했던 생산량은 2008년에 이르러 3000톤을 간신히 넘기는 수준으로 떨어졌다.

세월이 흘러 일본 미식가들의 입맛이 변한 것도 원인 중 하나였다. 피조개 초밥을 즐기던 일본인의 연령대가 높아져 수출 수요가 줄었으니 이를 대체할 새로운 판로가 필요했다. 그래서 전량 수출하던 피조개가 대한민국 식탁에 오르게 된다. 국내에서 진해산 피조개 마케팅이 시작된 건 얼마 되지 않았다. 2012년 진해수협 피조개는 국내 수협 중 최초로 대한민국 로하스(LOHAS) 인증을 받는다. 2015년 3월 이마트는 농림축산식품부와 함께 우수 농가를 발굴, 통합 마케팅을 지원하는 '국산의 힘' 프로젝트를 시작한다. 2016년 1월에 담양 딸기, 욕지도 고구마와 함께 진해 피꼬막이 제철 농산물로 선정되었다. 진해수협은 생소한 피조개를 먹는 방식도 소개하기 시작했다. 피조개는 초밥뿐 아니라 꼬치구이, 볶음, 샤브샤브, 튀김, 무침 등으로 다양하게 조리해 먹을 수 있는 식재료다. 국내 공급량이 늘면서 과거 꼬막류 중 가장 비쌌던 피조개 가격이 많이 떨어졌다.

4

창원

❋

우리가
만들고 싶었던
도시

"전봇대가 없는 도시가 다 있다니…"
국내 1호 계획도시

1980년대 초반의 일이다. 내게는 이모뻘이 되는 어머니 사촌친척이 창원으로 이사해 그 집을 방문하게 되었다. 창원행은 그 때가 처음이고, 빽빽이 들어찬 아파트 단지를 본 것도 그 때가 처음이었다. 똑같이 생긴 사각의 집들이 일렬종대로 늘어선 모습은 왠지 낯설고 보기 불편했다. 길과 집이 모두 다르게 생긴 주택가 동네에서만 살다가 대단지 아파트를 보고 처음 느낀 감정은 두려움이었던 것 같다. 지금이야 동호수로 표시된 아파트가 집을 찾기 쉬운 구조라고 생각하지만 그 때는 정반대로 느꼈다.

그 집에 들어간 뒤 하필이면 어머니가 우유 심부름을 시켰다. 아파트 입구 상가에 가서 우유를 사긴 했는데 다음이 문제였다. 모두 똑같은 집들 중에 이모 집을 다시 찾을 길이 없었다. 그전까지 집을 찾을 때는 몇 번째 골목, 몇 번째 집, 또는 저마다 조금씩 다른 형태를 보고 찾으면 되었는데 폭과 길이가 일정한 길과 색깔도 모양도 똑같은 집들이 무한반복되는 아파트단지에선 그런 형태기억 능력이 무용지물이었다. 못을 박아야 하는데 칼을 빼들고 선 꼴이랄까.

그 시절 내가 살던 마산에선 길을 걷다보면 적당한 지점에서 전봇대가 나오고 개천이 나오고 구멍가게가 나와 길 찾기에 이정표가 되어주었지만 아파트단지엔 그런 게 전혀 없었다. 어떻게 가게도 없고 시장도 없고 학교도 없이 오로지 아파트만 모여 있을 수 있는지 신기했다. 동호수도 외우지 않고 집을 나선 터이니 누군가의 도움도 받을 수 없어 단지 앞에 선 채로 꽤 긴 시간이 흘렀고, 어머니가 나와서 찾지 않았다면 하염없이 같은 자리만 맴돌았을 것이다.

이것이 대한민국 최초의 계획도시, 창원에 대한 최초의 기억이다. 어머니도 그 날 창원을 떠나며 "이런 데서 어찌 사노?"라며 혀를 끌끌 찼다. 그런데 창원에 살던 사람에겐 기억이 조금 달랐던 듯하다. 창원에서 태어나 학창시절을 보내고 지금은 마산과 창원을 오가며 직장생활을 하는 백명기 씨는 그 시절을 이렇게 기억한다.

"초중학교 때 선생님이 창원이 어느 선진국 도시를 따라 지었다는 이야기를 했다. 어느 나라 어느 도시인지도 몰랐지만 선진국을 본 떴다는 게 자랑스러웠다. 그 당시 창원은 신생도시라 딱히 내세울 게 없었다. 유일한 자랑거리가 '계획도시'라는 점이었다. 친척들을

238

만나면 '창원이 계획도시라 엄청 멋있다'는 얘기를 자주 했다. 지금 생각하면 그게 뭐라고 그리 자랑했나 싶다."

1970년대 국내 최초의 계획도시로 건설된 창원은 호주 수도 캔버라를 본떴다. 공업과 행정, 주거와 녹지가 어우러진 도시를 만든다는 목표였다. 깔끔한 도시 풍경을 위해 전기와 통신시설을 모두 땅에 묻어 '국내 최초로 전봇대가 없는 도시'가 되었다. 또한 주택 형태, 담 높이, 지붕 색깔까지 모두 시에서 관리해 도시 전체가 조화롭게 보였다. 가정에서 베란다나 창문 하나를 바꿀 때도 미관심의위원회의 엄격한 심의를 거쳐야 했다. 지금도 창원 시내 곳곳엔 집 높이, 담 높이, 건물 모양까지 비슷비슷한 동네가 제법 많다. 이런 집들은 대개 담이 낮아서 벽에 바짝 붙어서면 마당 안이 들여다보이는 투시형이다.

국가에서 마음먹고 건설한 창원은 집도 아파트도 길도 모두가 큼직큼직했다. 가장 상징적인 구조물은 창원광장이었다. 시청 앞 광장을 처음 봤을 때 놀랐던 기억이 지금도 생생하다. 대로 한복판에서 축구장을 만났다고 하면 비슷한 느낌일까? 큰 공원이나 공터는 보통 마을 중심이나 도시 외곽에 있기 마련인데 창원광장은 대로 한복판에 있고 광장 주변으로 건물들이 쭉 늘어서 있었다. 중앙대로와 원이대로의 교차점에 있는 창원광장은 무려 둘레 664미터, 지름 211미터로 서울광장보다 2배 이상 넓다. 사람을 채우면 대략 6만5000명이 들어간다고 한다. 지금은 중국에 더 큰 광장이 생겼다고 하

창원시 한복판에서 랜드마크 역할을 하는 창원광장

© 창원시

는데 당시엔 세계적으로도 흔치 않은 규모의 도시 광장이었다.

도로 또한 아주 시원했다. 창원 중심부를 관통하는 도로는 폭 5미터에 굴곡 없는 직선 길이만 13킬로미터를 넘었다. 흡사 비행기 활주로 같은 모양새다. 실제로 유사시 활주로로 쓸 수 있게 설계되었으며 일반도로로는 동양에서 가장 길었다. 1970~80년대에는 자동차도 별로 없었으니 도로 풍경은 시원하다 못해 휑하다는 느낌이 강했다. 그리고 정작 그렇게 큰 도로를 즐긴 건 창원의 아이들이었다. 백명기 씨의 기억이다.

"중학교 때까지 대로에서 놀았다. 그 때까진 자동차도 몇 대 없어서 대로를 건너다니며 놀 수 있었다. 90년대 초반엔 이런 일도 있었다. 장례식에 갔다가 교수님 차로 집에 돌아오는 길에 교수님이 잠시 딴생각을 하셨는지 역주행을 했다. 그런데 오가는 차가 없어서 전혀 당황스럽지 않았다."

과거에 비해 지금은 주택 통제도 많이 느슨해졌다. 누구는 그 동안 내 집도 맘대로 못했는데 이제 괜찮아졌다 하고, 누구는 깔끔하던 도시 풍경이 퇴색하고 있다며 아쉬워한다. 그래도 다른 도시 사람들이 오면 여전히 깜짝 놀랄 정도로 창원은 계획적인 모습을 유지하고 있다. 비록 캔버라는 못 가봤어도 그 맛을 느껴보고 싶다면 창원행 티켓을 끊어볼 일이다.

수천 년 전에 이미 기획된 '철의 도시'
성산패총과 야철지

"창곡마을에 살 때다. 산 위에서부터 개울이 흘러 내려오고 논밭이 많았다. 조금만 걸어가면 저수지가 나왔다. 저수지 위 계곡에선 가재를 잡고 물고기를 잡으며 놀았다. 초등학교는 걸어서 다녔다. 동네에서 제일 큰 형이 깃발을 들면 그 뒤를 나머지 애들이 졸졸 따라 걸었다. 월림마을에 살 땐 산을 넘어서 다녔다. 논을 지날 때면 개구리와 곤충을 잡았다. 돌이켜보면 그 때가 곤충들에겐 수난 시절이었다."

창원에서 교사로 근무 중인 백명기 씨의 말을 넋 놓고 들었다. 그는 1971년생이다. 나와 크게 차이가 나는 것도 아닌데 유년의 경험이 이렇게 다르다니. 게다가 그는 창원에서 태어나 줄곧 거기서 자랐다. 창원이라면 공업도시, 기계단지, 계획도시라는 이미지가 콕 박혀 있는데 그의 어릴 적 이야기는 생소하기만 했다. 옆 동네 함안이나 창녕이라 해야 어울릴 법한 이야기를 창원 사람에게서 듣게 되다니.

그러나 맞다. 1970년대 중반 공업도시로 탈바꿈하기 전까지 창원은 경남을 대표하는 농업 고장이었다. '윤택한 농업군으로 쌀과 고추가 풍부한 곳'이 바로 창원이었다. 1973년 말 종합기계공업단지 조성을 앞두고 터를 닦고 도로를 놓기 위해 중장비 시동을 걸고 있을 때도 논밭에선 농민들이 열심히 벼를 가꾸었다. 공무원들이 "내년부터는 농사를 못하니 봄에 씨 뿌릴 준비를 하지 마시라" 해도 농민들은 받아들이지 못했다. 수십 년, 아니 대를 이어서 해온 춘파(春播)를 하지 말라는 건 내일은 해가 뜨지 않으니 아침에 일어나지 않아도 된다는 말과 같았다. 그래도 별 수 없었다. 농사를 짓던 땅에서 이제부터 쇳덩이로 물건을 만들겠다는 건 너무도 이상한 말이었지만 나라에서 결정한 일이니 받아들여야 했다. 천지개벽. 창원의 변모를 모두들 그렇게 받아들였다.

농지를 공장으로 바꾸는 대공사를 시작하던 1973년 말, 문화재관리국은 경남도청으로부터 긴급 전문을 받는다. 창원공업기지 예정지에서 패총(조개무덤) 3~4기가 발견되었다는 내용이었다. 당시 문화재관리국 소속 발굴단은 안동댐 수몰지 유적 발굴에 대거 투입된 상태였고, 창원에서 그대로 공사가 진행되면 패총 3~4기쯤은 흔적도 없이 사라질 예정이었다. 문화재관리국은 하찮은 패총이라도 일단은 건져놓고 보자는 입장으로 큰 기대 없이 발굴단 몇 명을 창원으로 보냈다.

1974년 2월 14일, 해발 49미터의 성산을 대상으로 본격적인 발굴이 시작된다. 발굴 인원은 14명. 다들 단순한 패총이라 어림짐작했고 그 때까지 '성산'이란 지명에도 크게 주목하지 않았다. 그러나 산 정상부에서 성터로 추정되는 유적이 발굴되자 주변 공기가 달라졌다. 발굴단은 흥분했다. 단순 패총에서 중요한 유적 발굴 사업으로 방향을 틀어 발굴 방법과 계획을 전면 수정했다. 성산은 과거에 성산부락(城山部落)이라 불렸다. 때로는 기록보다 구전된 말이 더 정확할 때가 있는 법이다.

산 높이별로 달리 자리한 패총 네 개에서 시대가 다른 유물들이 출토되었다. 서남쪽 패총에서 나온 유물에 발굴단은 다시 한 번 환호했다. 고대 주화와 함께 과거에 철을 생산하던 야철지가 발견된 것이다. 이어 철기시대, 삼국시대, 신라시대에 만들어진 토기가 각기 다른 패총에서 나왔다. '선사시대에서 역사시대에 이르는 종합적이고 일관된 생활양식을 보여주는 주거지가 발견된 것은 처음' '패총에서 나온 주화는 김해패총에 이어 두 번째' '고대사를 규명하는 데 큰 구실을 하게 됐다'는 보고가 뒤를 이었다.

3월 13일 문화재보호협회 마산지부가 성산패총과 일대를 문화재보호지역으로 영구 보존하게 해달라고 대통령에게 건의했다. 이후에도 놀랄 만한 보고가 이어졌다. 3월 19일 패총에서 나온 주화는 중국 한선제(기원전 61~58년) 때 만들어진 오수전(五銖錢)으로 우리나라에서 발견된 것 중 가장 오래된 주화임이 밝혀졌다. 5월 13일에 발견된 당나라 주화 개원통보(開元通寶)는 덤이었다.

많은 보물이 쏟아졌지만 창원기계공업단지를 기획한 사람들은 '야철지'라는 말에 꽂혔다. 대대로 농사를 짓던 땅을 갈아엎고 공장을 짓는다는 게 다 나라와 국민을 위한 일이라고 강조했지만 '왜 하필 우리 땅에서?'라는 지역민의 의문을 잠재우긴 힘들었다. 그 의문에 대한 해답을 야철지가 내려준 듯했다. '보시오. 이 땅은 아주 오래 전부터 철을 만들던 곳이오. 이 땅에 다시 쇠 공장을 짓는 것은 하늘의 뜻이오.'

실로 의미 있는 유적지 발굴 작업이었지만 당시는 먹고사는 일이 문화자원보다 훨씬 중요하게 취급되던 시절이었다. 창원에 계획된 기계공업단지는 대한민국 제1호로 정부의 개발 의지가 무척 강력했다. 유적발굴팀은 이곳에서 나온 유물을 다른 곳으로 옮긴 뒤 다시 흙을 덮었다. 유물만 수습하고 터는 포기할 계획이었다. 그러나 이를 미리 간파한 언론사들이 발굴 내용을 1면 머리기사로 올리며 분위기를 띄우자 상황이 반전되었다. 마침 공단 조성을 시찰하러 왔던 박정희 대통령이 상황보고를 듣고 특별지시를 내리면서 공장 아래 묻힐 뻔했던 패총은 기사회생했다. 1974년 11월 2일, 성산패총은 사적 제240호로 지정된다.

창원시에 있어 성산패총과 야철지는 심장과도 같은 존재다. 주민들에게도 성산패총은 마치 창원종합기계공업단지 조성이 역사적으로 예견된 일임을 말해주는 계시와도 같이 받아들여졌다. 1980년 4월 1일 창원시청이 문을 열고 92년부터 매년 4월 1일 시민축제를 개최했는데, 축제 이름은 야철제이고 전야제 이벤트는 야철제례로 치렀다. 2011년부터는 축제 이름을 '시민의 날'로 바꾸고 날짜도 6월로 옮겼지만 전야제 행사인 야철제례만큼은 예전 그대로 진행하고 있다. 마산, 진해, 창원을 합쳐 통합창원시를 만든 뒤에는 마산 이산미산, 진해 웅천 자매산 등 대표적인 철 생산지 세 곳에서 가져온 흙을 성산패총 야철로에 한데 모아 행사의 시작을 알렸다. 이후 창원공단의 철 생산업체 노동자들이 부싯돌로 불씨를 채화하고 장인이 쇳물을 부으면서 제례를 완성한다.

2008년 창원시가 지역을 대표하는 관광 10선을 뽑을 때 성산패총은 당연히 포함되었다. LG전자 1공장 옆에 있는 성산패총 유적지엔 중국에서 건너온 옛날 돈 오수전과 개원통보를 비롯해 신석기시대, 청동기시대, 삼한시대, 삼국시대 유물이 연대별로 전시되어 있다. 창원시는 산업사박물관 개관과 철기문화박람회 개최를 추진하는 등 줄기차게 '철의 도시' 이미지를 심기 위해 노력하고 있다.

246

세종 시절을 지킨 영원한 무관
최윤덕

　　　　　　　　　　2010년 11월 12일 창원시청 옆 창원
광장이 내려다보이는 중심지에서 동상 제막식이 열렸다. 길이
7.8미터, 높이 6.5미터의 기마상 형태로 국내 최대 크기였다. 도
대체 누구이기에 창원 도로 한복판에 당당히 서 있게 되었을
까? 주인공은 최윤덕. 조선 초기의 장수다.

　최윤덕은 지금의 의창구 북면에서 태어났다. 학창시절 나
보다 공부를 잘했던 아내에게 최윤덕에 대해 아냐고 물었다.
"장군 아냐?" "또." "세종 때 장군이고." "또." "4군6진 주인공
이고." (속으로 '와~') "그리고?" "이 정도. 그런데 아는 사람이
많지는 않을 거야."

　최윤덕은 세종이 국방 문제에 있어 가장 믿고 의지하는 장
수였다. 세종은 나라가 평안하기 위해선 외부의 적을 다스려야
한다고 생각했는데 남으론 왜구, 북으론 여진족이 호시탐탐 조
선을 노리고 있었다. 1419년 세종 원년에 조선은 대마도정벌을

기획한다. 이는 오랫동안 준비한 일로 출정 명령 4일 만에 병선 227척과 병사 1만7000명이 모였다. 이종무(삼군도체찰사), 유정현(삼도도통사), 최윤덕(삼군도절제사)이 군사를 지휘했으며, 작전은 속전속결로 끝나 대략 15일 만에 종료되었다. 당시 대마도주가 항복해 조선 국왕이 관직을 내려주는 예속 상태에 들어섰고 그 뒤로 한동안 남해와 서해에 평화 무드가 이어졌다.

남쪽이 평화를 찾자 세종의 관심은 북으로 향했다. 문제는 신하들의 태도였다. 황희, 허조 등 주요 대신들이 전쟁보다는 화친을 주장하며 북벌에 반대했다. 그러나 화친으로는 근본적인 문제를 해결할 수 없다고 생각한 세종은 모든 신하가 반대하는 가운데 최윤덕과 북벌을 준비한다.

최윤덕도 처음에는 북벌에 반대했으나 세종은 "대마도정벌 후 왜구의 노략질이 줄었다. 북쪽도 해볼 만하지 않으냐"고 제안했다. 최윤덕은 "대마도정벌은 100년 동안 준비했지만 여진족정벌은 겨우 10년을 준비했을 뿐"이라며 반대했다. 그래도 세종은 물러서지 않았다. "만약 지금 토벌하지 않으면 여진족들이 상황을 깨닫지 못하고 계속 침략해올 것이다. 현지를 조사해 여진족의 실상도 파악했으니 한 번 힘을 보여주는 게 어떠한가." 최윤덕은 결국 세종에게 설득당했다.

세종은 처음부터 최윤덕을 북벌 책임자로 점찍었다. 세종은 자신의 의중을 누구보다 잘 아는 김종서에게 최윤덕이 어떤 사람인지 물은 적이 있다. 김종서는 "학문 실력은 없다"고 운을 뗀 뒤 "마음가짐이 정직하고 뚜렷한 잘못이 없으며 용무(用武)의 재략(才略)이 특이하다"고 덧붙였다. 타고난 무장의 성격이었다.

여진족토벌은 꼼꼼한 세종과 무인 최윤덕의 합작품이었다. 세종은 병사 숫자를 얼마로 할지, 물자는 어떤 길로 보낼지, 다리는 어디에 놓을지, 출병 날짜를 언제로 정할지, 병사를 몇 갈래 길로 나누어 이동시킬지 등을 꼼꼼하게 점검했다. 일단 계획을 세운 후엔 이를 어김없이 수행하는 게 무엇보다 중요하다. 그러자면 군대 기강이 올바로 서야 하는데, 북벌에 나서기 직전 최윤덕은 전 군에 다음과 같은 명을 내린다.

"명령에 복종하지 않는 자와 비밀을 누설하는 자, 소란을 피우는 자, 자신의 패두[*]를 구출하지 않는 자는 목을 벨 것이다. 적의 동네에 들어가서 늙고 어린 남녀를 해치지 말며, 장정이라도 항복한 자는 죽이지 말고, 그들의 가축을 죽이거나 훔치지 말라. 만약 어기는 자가 있으면 군령으로 목을 벨 것이다."

북벌은 대성공이었다. 적 240명을 생포하고 180명을 사살하는 동안 아군 전사자는 4명, 부상자는 5명에 불과했다. 완벽한 승리였다. 최윤덕은 압록강 상류의 4군을 개척하고 세종의

지금의 중대장 정도 계급으로 약 200명의 병사를 이끌었다

심복 김종서는 두만강 쪽을 맡아 6진을 개척했다. 일명 4군6진으로 이 때 조선의 북방경계선이 확실히 정리된다.

최윤덕은 타고난 무장이기도 했지만 김종서가 말한 대로 정직하고 우직한 사람이었다. 군사작전 외에도 최윤덕이 능력을 발휘할 분야가 더 있었다. 1421년 세종은 최윤덕을 공조판서로 임명한다. 일찍부터 도성 수리를 건의했던 최윤덕이 이 직책을 맡으면서 도성수축도감이 설치되고 대대적으로 도성 수리를 시작한다. 최윤덕은 1429년부터는 충청, 전라, 경상도를 두루 관할하는 삼도순무수가 되어 전국의 성터를 돌았다. 도성 수리는 돈이 많이 들고 인력도 많이 필요해 자칫 민심이 흉흉해질 위험이 있었다. 만약 지금처럼 투표로 정책을 결정할 수 있는 시대였다면 '축성공사'를 공약으로 내건 후보는 무조건 당선 불가였을 것이다. 당연히 신하들 대부분이 반대했고 최윤덕만이 축성공사를 고집스럽게 주장했다. 이 때 세종이 최윤덕의 손을 들어주었다. 최윤덕은 경상도 동래와 남해안 일대에 성을 쌓아야 하는 이유로 "일본이 통일되면 반드시 조선에 쳐들어올 것"이라고 주장했다. 이율곡의 10만양병설보다 140년이나 앞서 일본 침략을 내다본 주장이었다. 이 때 일로 최윤덕에겐 '축성대감'이란 별명이 생긴다.

축성을 훌륭히 수행하고 조선의 오랜 근심이던 남쪽과 북쪽 일대를 평정한 일은 결코 가벼운 공이 아니었다. 세종은 여진족을 정벌하고 돌아온 최윤덕을 정승인 우의정에 임명한다.

정통 무인으로는 매우 파격적인 인사로, 당시 관직의 대부분을 차지하고 있던 문인들은 정통 무인이 정부 관료들을 다스리는 책임자 자리에 앉는 것이 온당치 않다고 여겼다. 최윤덕 또한 그리 생각해 '본인이 우의정에 어울리지 않는다'며 상소를 올렸으나 세종은 받아들이지 않았다. 이후에도 최윤덕은 사임 상소를 올리고 세종은 허락하지 않는 일이 몇 차례 반복된다.

1435년(세종 17년) 최윤덕은 의정부 좌의정이 된다. 다시 상소를 올렸지만 세종은 허락하지 않았다. 그 이듬해 변방에서 작은 소란이 일었다. 사헌부가 변방 관리를 제대로 못해 탄핵을 요구받았으나 세종은 이를 받아들이지 않고 오히려 영중추원사라는 벼슬을 새로 만들어 최윤덕을 그 자리에 앉힌다. 1444년(세종 26년) 최윤덕은 다시 영중추원사 사임 상소를 올린다. 당시 그의 나이 69세로 이미 고령이었으나 이 때도 세종은 허락하지 않았다. 세종은 최윤덕을 곁에서 내보낼 생각이 전혀 없었다. 그리고 이듬해인 1445년 12월 5일 최윤덕은 세상을 떠난다. 뼛속까지 세종의 사람이었던 최윤덕은 사후에 배향공신으로 종묘에 이름을 올린다. 배향공신은 임금과 아주 특별한 관계에 있던 사람만이 이름을 올릴 수 있는데, 세종의 묘엔 최윤덕과 함께 황희, 허조, 신개, 양녕대군, 효령대군, 이수 등 7명이 이름을 올렸다.

최윤덕은 이처럼 세종의 치세를 빛낸 충신 중의 충신이었지만 정권이 바뀌면 그 평가도 달라지는 법이다. 세종의 손자를 살해하고 왕위에 오른 세조는 세종을 떠받들었던 최윤덕 가문이 달갑지 않았다. 1453년 계유정난(수양대군이 김종서를 처리하고 정권을 장악한 사건)이 일어나자 최윤덕의 형제인 최윤복의 손자 최로와 최윤복의 여동생 내은덕이 처형된다. 1455년 금성대군 사건이 일어났을 때도 최윤덕의 막내 최영손이 목숨을 잃었다. 피바람은 끝나지 않았다. 1456년(세조 2년) 단종 복위 사건이 벌어졌을 때는 최윤복의 장자 최숙손이 처형되고, 최숙손의 장자 맹한과 최윤복의 3남 최광손의 아들인 계한이 귀양을 갔다가 사면복권 되자마자 사망한다. 불행은 여기서 끝나지 않았으니 연산군 때 최윤덕의 증손자인 최윤이 사약을 받는다.

창원광장 가까이에 있는 최윤덕 동상

조선 전기 최고의 무인이었던 최윤덕 가문이 이렇게 풍비박산이 나버리다니 역사의 아이러니가 아닐 수 없다. 빛으로만 설명할 수도, 어둠으로만 설명할 수도 없는 게 역사다. 세종의 치세는 화려했지만 그 뜻을 받드는 것은 너무도 무거운 일이었다. 그래도 최윤덕이었기에 그 짐을 나눠질 수 있지 않았을까. 역사의 짐을 지는 건 선택이 아니라 운명인지 모른다.

〈고향의 봄〉 속 고향은 과연 어디일까
소답동과 이원수

2003년 대구에서 열린 하계유니버시아드대회에는 170개국 8500여 명이 참가했다. 역대 최대 규모. 인공기 소각 사건을 빌미로 대회 불참 의사를 표시했던 북한도 역사상 가장 많은 인원을 참가시키며 주최 측을 안심시켰다. 개회식에서 남북선수단은 한반도기 공동기수를 선두로 함께 입장하며 축제 열기를 달궜다. 한국은 금메달 26개, 은메달 12개, 동메달 17개로 종합 3위를 기록하며 역대 최고 성적을 냈다. 북한도 종합 9위를 기록하며 기대 이상의 선전을 펼쳤다.

특히 폐막을 하루 앞두고 열린 여자축구경기 결승전은 남북이 하나가 된 응원의 장이었다. 준결승전까지 북한 팀은 24골을 올리는 동안 한 골도 내주지 않는 완벽한 경기를 펼쳤다. 결승전 상대는 일본. '세계 최강' 중국을 무너뜨린 일본의 기세가 만만치 않았다. 남북응원단은 한목소리로 북한 여자축구팀을 응원했다. 결국 3-0으로 북한 승리. 전 경기 득점 27골, 실점

0골. 대회 사상 첫 무실점 우승 경기였다.

운동장에서 호흡을 맞춘 남북응원단은 〈반달〉 〈아리랑〉과 함께 〈고향의 봄〉을 합창하며 벅차오르는 감정을 나눴다.

나의 살던 고향은 꽃 피는 산골 / 복숭아 꽃 살구 꽃 아기 진달래 / 울긋불긋 꽃 대궐 차린 동네 / 그 속에서 놀던 때가 그립습니다

분단 이후 60여 년이 지나 다함께 부를 수 있는 노래가 흔치 않은 남북은 이후에도 공동응원전을 펼칠 때마다 자연스럽게 〈고향의 봄〉을 불렀다. 냉전의 시대 비록 사상이 달라 남북으로 나뉘었지만 〈고향의 봄〉에서 고향은 나뉘지 않았다.

〈고향의 봄〉 노래가 처음 사람들 입에서 입으로 불린 것은 1927년, 동명의 시를 쓴 이원수가 16세 되던 해였다. 마산창신보통학교에서 교사로 근무하던 동요 〈산토끼〉 작가 이일래가 이원수의 시를 노래로 만들어 마산에서 널리 퍼졌다. 1929년엔 홍난파가 《조선동요백곡집》에 〈고향의 봄〉을 실어 조선 사람 누구나 좋아하는 국민 노래로 떠올랐다.

우리나라 사람들 대부분이 그랬던 것처럼 나도 어릴 때부터 〈고향의 봄〉을 즐겨 듣고 불렀다. 그 시절엔 당연히 노래 속 '고향'이 마산이라고 생각했다. 마산산호공원에 가면 아주 눈에 띄는 자리에 이원수 노래비가 있었기 때문이다. 조금 더 시간이 지나 이원수가 실제로 마산에서 학창시절을 보냈다는 사실

을 알고는 그 생각을 더욱 굳혔다. 주변에서도 모두 그리 생각했다. 그런데 1990년대에 들어서자 〈고향의 봄〉 속 고향이 어딘지를 두고 논쟁이 벌어졌다. 양산이냐 창원이냐를 두고 지자체들이 신경전을 벌였는데 나는 그 논쟁에서 마산이 빠진 게 의아할 뿐이었다.

실제 이원수의 고향은 경남 양산이고 태어난 지 10개월 후인 1912년 9월 창원으로 이사한다. 어린 시절을 창원에서 줄곧 보내다 학업 시기와 맞물려 마산으로 이사해 보통학교와 상업학교를 마산에서 다닌다. 그렇다면 과연 노래 속 '고향'은 어디라고 봐야 좋을까? 결국 답은 창원이라고 결론이 났다.

"내가 자란 고향은 경남 창원읍이다. 나는 그 조그만 읍에서 아홉 살까지 살았다… 큰 정자나무 고목과 봄이면 뒷산의 진달래와 철쭉꽃이 어우러져 피고 마을 집 돌담 너머로 보이는 복숭아꽃 살구꽃도 아름다웠다… 동문 밖에 있는 미나리 논, 개울을 따라 내려가면 피라미가 노는 곳이 있어 나는 그 피라미로 미끼를 삼아 물가에 날아오는 파랑새를 잡으려고 애쓰던 일이 생각난다. …그런 것들이 그립고 거기서 놀던 때가 한없이 즐거웠던 것 같다."

이원수가 《흘러가는 세월 속에》라는 책에서 직접 밝힌 내용이다. 창원시는 〈고향의 봄〉 속 배경이 창원이라고 결론 나자 기념사업을 적극 밀어붙였다. 2002년 이원수가 살던 마을이 내려다보이는 언덕에 고향의봄도서관을 짓고 이듬해엔 이원수 문학관을 문 열었다. 모두가 박수를 보내야 마땅했지만 사정은 그렇지 못했다. 당시 이원수가 썼다는 친일 작품이 세상에 알려지면서 많은 사람이 충격에 빠졌다.

그는 일제 말기 조선금융조합연합회의 기관지였던 〈반도의 빛〉에 내선일체를 지지하는 글 다섯 편을 실었다. 이 사실이 알려지자 이원수는 2002년 친일파 708인 명단에 포함되고 2008년 친일인명사전에도 수록되었다. 2011년 이원수 탄생 100돌 기념행사에서 그의 딸 이정옥이 나서 부친의 친일 행적을 사과했다. 많은 시민단체와 전문가들은 창원시에 이원수 기념사업을 모두 접을 것을 요구했다. 친일문학인을 국민 세금으로 기린다는 건 말이 안 된다는 지적이었다. 일리 있는 얘기지만 뜻밖에 반대 의견도 만만치 않았다. 흠이 있지만 배울 점도 있는 만큼 공과를 모두 살려 기념사업은 계속해야 한다는 것이다. 해방 이후 약자에 대해 일관되게 애정을 쏟은 시간도 무시할 수 없다는 의견이 보태졌다.

1937년 친일 글을 쓰기 전까지 이원수의 행적은 친일과는 거리가 멀었다. 1926년 조선인을 학대하는 일본인의 만행을 고발하는 글을 학급신문에 게재해 경찰에 발각된다. 공립보통학교 6학년 때다. 24세에는 독서회 활동을 하다가 사상불순으로 경찰에 체포되어 옥살이를 했다. 1945년 해방 직후엔 조선프롤레타리아문학동맹에 가입하고 정부수립 이후엔 국민보도연맹에 강제 가입된다.

1960년대 이후 이원수는 당시 정권들과 날을 세운다. 동화 〈어느 마산 소녀의 이야기〉(3.15 의거 소재), 〈명월산 너구리〉(박정희 독재정권 비판), 〈불새의 춤〉(전태일 분신 소재), 〈땅 속의 귀〉(4.19 혁명 소재), 〈토끼 대통령〉(박정희 장기집권 비판), 〈민들레의 노래〉(양민학살사건, 4.19 혁명 소재), 동시 〈아우의 노래〉(4.19 혁명 소재), 〈돌멩이 이야기〉(4.19 혁명 소재) 등 아동문학가로는 그 예를 찾아보기 힘들 만큼 사회비판적인 글을 쉼 없이 발표했다. 아동문학이 사회현실과는 거리가 멀다는 생각은 적어도 그의 문학에선 사실이 아니었다.

이원수문학관엔 이런 행적과 함께 그의 친일 글도 자세히 소개되어 있다.

> 나라를 위하야 목숨 내놋코 전장으로 가시려는 형님들이여 / 부대 부대 큰 공을 세워지시오 / 우리도 자라서, 어서 자라서 소원의 군인이 되겠습니다 / 굿센 일본 병정이 되겠습니다

빛과 어둠, 공과 실을 모두 다룰 때 좀 더 완전한 한 인간의 상이 만들어진다. 다행히 이원수문학관엔 이원수의 명암이 모두 담겨 있다. 물론 여전히 논란 중이긴 하다. '기념사업과 관련된 지자체 예산 전면 중단' '친일인사 지원 금지 조례 제정'과 같은 목소리가 지금도 이어지고 있다. 그리고 그 논란과는

별개로 〈고향의 봄〉 노랫말은 여전히 남과 북 사람들의 마음을 하나로 적시고 있다. 2018 평창동계올림픽 무대에서도, 오랜만의 남북정상회담 만찬공연에서도 〈고향이 봄〉 노래가 가슴 뭉클하게 울려 퍼졌다.

잠수병에 걸리면 찾는다는 신비한 온천

마금산온천

서울에서 지인 두 명이 내려왔다. 뭔가 남다른 곳에 데려가고 싶어서 한참 궁리하다가 집에서 멀지 않은 곳에 특별한 곳이 있다는 생각이 들었다. "혹시 노천온천 가 봤어요?" "한 번도 안 가봤는데. 여기 그런 곳이 있나?"

탈의실에서 본 풍경은 일반 목욕탕과 다를 바 없다. 문을 열고 들어가도 마찬가지. 한겨울 추위를 뚫고 온 탓인지 뜨거운 물이 고마웠다. 바로 탕 속으로 들어가려는 두 사람을 밖으로 이끌었다. "거기 말고요. 밖으로 나가시죠." 문 하나를 열자 다른 세상이 펼쳐졌다. 아래선 김이 모락모락 올라오는데 위로는 쨍한 하늘이 보였다. "우와." 한 사람이 짧게 탄성을 내질렀다. 탕에 들어가자 절로 신음소리가 새어나왔다. 마침 눈이 내렸다. 이건 예상치 못한 일이다.

영화 속 한 장면 같은 노천욕을 마치고 나오자 입구에서 들어갈 땐 못 봤던 안내 문구가 눈길을 끌었다. '지팡이를 짚고

왔다가 지팡이를 버리고 가는 곳' '남해안 일대 잠수부들이 잠
수병에 걸리면 찾는 곳' '각종 질환에 효험'. 문구를 본 지인들
이 목소리를 높인다. "우와, 이거 물에 한 번 더 들어가야겠는
데요." "어쩐지, 몸이 좀 가벼워진 것 같더라니." 한 번 물에 들
어갔다고 효험이 있는지 어찌 알까. 그저 기분이 좋아져서 나
온 소리들이었을 것이다. 나는 그 때 집 근처에 이렇게 괜찮은
온천단지가 있는데 왜 전에는 한 번도 갈 생각을 못했을까, 문
득 후회가 되었다.

　이것은 2016년 1월에 겪은 나의 노천온천 경험기다. 집에
서 10분 거리에 있는데도 이전에는 한 번도 가보지 않은 곳, 의
창구 북면에 있는 마금산온천(북면온천) 이야기. 마금산온천은
《세종실록》에도 실린 곳이니 역사가 제법 길다. 조선 전기 때
기록인《세종실록》에는 '욕칸은 3칸'이라는 내용이 나온다. 그
리고 어떤 이유에서인지 영조 때 펴낸《여지도서》에는 '지금은
없다'고 나온다. 조선 전기엔 있다가 어느 순간 사라진 온천?
여기엔 신비하면서도 안타까운 사연이 전한다. 1963년 3월 27
일자 경향신문은 당시 90대 노인들에게서 들은 이야기라면서
다음과 같은 내용을 실었다.

　100여 년 전 부락 곳곳에서 온천이 솟아나왔는데 만병통치를 하
　는 물이라고 입소문이 났다. 당시 난치병이면서 사람들에게 외면
　을 받던 나병 환자들이 모이기 시작했다. 그렇게 모인 숫자가 대략

50여 명. 나병 환자들이 마을을 이루자 당황한 건 마을 사람들이었다. 마을 사람들은 나병 환자들이 계속 머무는 걸 원치 않았다. 주민들은 온천수를 더 이상 쓸 수 없게 만들면 나병 환자들이 마을을 떠날 것이라고 판단했다. 저주를 가하기 위해 민간 주술을 쓰기로 했다. 희생양으로 산개를 대략 50도 되는 뜨거운 온천물 속에 집어던져 죽이고 돌로 메웠다. 죽은 개가 온천에서 나왔다면 나병 환자들도 꺼림칙하게 생각했을 것이고 그 상태로 계속 남아있었다면 수질도 나빠졌을 것이다.

신문이 노인들에게서 들었다는 전설은 그 때로부터 100여 년 전 이야기이니 대략 1800년대 중반의 일이다.《여지도서》가 편찬된 건 1700년대 중반으로, 시기는 꽤 차이가 난다. 입에서 입으로 전해진 이야기라 더러 잘못 고치고 더해지고 했을 수도 있다. 그렇다 해도 나병 환자촌에 불편함을 느낀 마을 사람들이 일부러 온천수를 메웠다는 이야기는 제법 그럴싸하다.

만병통치약으로 불리다가 어느 순간 세상에서 사라진 신비의 물. 그 온천이 다시 모습을 드러낸 건 1920년대였다. 마산도립병원장을 지낸 일본인 도쿠나가 씨가 온천을 찾아낸다. 이후로 계속 명맥을 잇고 있으니 짧지도 않은 역사이건만 이상하리만치 마산과 창원 사람들에겐 인기가 없었다. 아버지 어머니를 비롯해 주변에서도 마금산온천에 다녀왔다는 말은 듣기 힘들었다. 일제강점기와 해방 직후, 한국전쟁으로 나라가 초토화된 시절에는 온천을 할 여유를 부리기 어려웠을 것이다. 어느 정도 여유가 생긴 뒤에는 멀지 않은 곳에 있는 창녕 부곡온천이 전국구 온천으로 떠버렸다. 온천 생각이 나면 지역 사람들도 부곡으로 가지 마금산으론 가지 않았다. 창원 토박이인 백명기 씨의 말이다.

"지금껏 한 번도 가본 적이 없다. 사실 가기 어려웠다. 더 먼 부곡온천보다 교통이 나빴다. 부곡온천까진 시외버스가 있어서 40분이면 가는데 마금산온천은 자가용이 없으면 갈 엄두를 낼 수 없었다. 1994년인가 95년쯤이었을 거다. 자동차면허를 따기 위해 운전 연습할 곳을 찾다가 마금산온천 근처에서 연습을 하게 되었는데 사람도 없고 차도 없었다. 여긴 딴 세상이란 생각이 들었다."

1970~80년대에도 마금산온천은 유성온천, 수안보온천, 온양온천, 해운대온천 등과 함께 전국의 대표 온천으로 종종 소개되었지만 여전히 일부만 찾는 장소였다. 사람이 많이 찾지 않으니 규모 있는 온천장이 들어서질 못하고, 작은 온천만 몇 개 있으니 사람들이 더 관심을 갖지 않는 게 딜레마였다. 그런 가운데 온천수에 특별한 효능이 있다는 입소문은 조용히 퍼지고 있었다. 특히 '잠수병'에 좋다는 소문이 났다. 잠수부나 해녀들이 주로 걸리는 잠수병은 흔히 관절통과 만성두통과 같은 증상을 동반한다.

마금산온천은 물에 소금기가 있는 식염천으로 오래전부터 혈관을 넓히고 체온을 높인다는 평가를 받았다. 어느 날부터 남해안 일대에서 작업하는 잠수부들이 잠수병에 걸리면 이곳을 찾기 시작했다. 소아마비에도 좋다는 소문이 나면서 '지팡이를 짚고 왔다가 지팡이를 버리고 간다'는 허풍과 같은 이야기가 생겨났다. 새로운 전설의 시작. 1986년 경상남도는 마금산온천 주변을 관광지구로 지정했고 이후로 90년대까지 매년 100만 명 이상이 찾을 정도로 꾸준한 인기를 끌었다.

그러나 사람들은 익숙한 것에 쉽게 싫증을 느끼고 더 나은 것을 찾아가는 습성이 있다. 마금산온천은 그런 요구를 따라잡지 못했다. 2013년엔 연 방문객이 61만 명 선으로 떨어진다. 다행인 것은 또 다른 기회가 생겼다는 것. 2015년 8월 29일 마금산 원탕관광온천이 행정자치부로부터 '경남 최초 보양온천'으로 승인받는다. 전국에서는 아홉 번째. 당시 전국의 온천 숫자가 468개였으니 2퍼센트 안에 들어간 셈이다. 보양온천은 온도와 성분이 우수하고 의료·휴양을 위한 기본시설과 주변환경을 잘 갖춰 건강증진과 심신요양에 적합하다고 판단된 경우에만 지정된다.

마금산온천을 처음 찾은 뒤로도 몇 년이 더 흘렀다. 그 사이에 어떻게 바뀌었을지 궁금하다. 그 겨울 기억이 너무 좋아서일 게다. 다가오는 겨울에는 몸을 녹이고 싶은 사람들을 불러 그곳으로 다시 향해야겠다.

곰이 절을 지었다는 전설이 전하는 곳

성주사

중학교 때였다. 이번 소풍은 행선지가 조금 먼 곳이란 소문이 돌았다. 마산이 아닐 거라 했다. 모두들 은근슬쩍 기대하는 분위기였다. 수업을 마칠 때쯤 모두 담임선생님의 입을 주목했다. 과연 어딜까. "음, 이번엔 창원이다. 좀 멀다. 좋지?" "어딥니까?" "성주사다." 분위기는 삽시간에 수그러들었다. 절이라니, 여기저기서 김새는 소리가 들렸다.

정작 성주사는 가지도 않았다. 성주사역에서 성주사까지는 3킬로미터가 넘는 거리. 우리는 성주사역 근처에 자리를 펴고 도시락 먹고 산책이나 할 뿐이었다. 보이는 건 산이요, 민가도 별로 없는 한가롭고 심심한 동네였다. 시간은 더디 흐르고 친구 몇이 성주사역에나 들어가 보자고 제안했다. 기차를 탈 생각이었는지, 단지 역사를 구경하고 싶어서였는지는 기억에 없다. 시간이 멈춘 것만 같은 심심함만 기억날 뿐이다.

그런 분위기를 눈치 챈 것인지 성주사역에서 사건이 일어났다. 일행이 모여 있는 평지에서 살짝 언덕에 있는 성주사역까지는 조금 멀었다. 역사라고 딱히 재밌을 건 없었다. 나를 포함해 일행 셋은 한심한 이야기나 주고받으며 하늘 보고 산이나 보면서 시간을 보냈다. 그러던 중 갑자기 일행 주위로 큰 그늘이 드리웠다. 낯선 사람이 둘. 좋은 인상은 아니었다.

"너네들 쇠 있으면 내놔라."

처음엔 말귀를 못 알아들었다. '쇠'란 돈을 말하는 은어였다. 한 명은 우리를 협박하고 한 명은 망을 봤다. 이미 기세가 눌린 우리는 주머니에서 주섬주섬 돈을 꺼냈다. 우리를 협박한 한 명이 다시 입을 열었다.

"이기 다가? 좋은 말 할 때 다 내놔라. 뒤져서 나오면 하나에 한 대씩이다."

결국 성주사는 근처에도 못 가보고 성주사가 있는 불모산(佛母山) 아래에서 밥만 먹고 역에서 돈까지 뜯기고 집에 돌아왔다. 그리고 얼마 뒤 다시 불모산에 가게 되었다. 이번엔 이모부 제안으로 이모부가 '땅꾼'이라고 소개한 친구 한 분과 동행했다. 그게 무슨 말인지 몰라 눈을 껌뻑거리니 "뱀 잡으러 다닌다"고 해서 깜짝 놀랐던 기억이 난다.

이모부와 땅꾼 친구와 함께 불모산 여기저기를 누볐다. 나는 조용히 '뱀아, 제발 나타나지 마라, 나타나지 마라'고 기도를 했고 다행히 땅꾼 친구는 그날 허탕을 쳤다. 이모부는 대신 으름 열매를 잔뜩 따서 내 손에 한가득 쥐어주셨다. 으름 열매를 그 때 처음 보았는데, 부드러운 질감은 바나나 같고 안에 씨가 박힌 건 꼭 참외 같으며 어떤 과일과도 다른 맛이 났다. 지나치게 부드러워 내 입맛엔 안 맞는다고 생각했다.

성주사와 불모산에 대한 기억은 딱 그쯤에서 멈춘 채 나이가 들었다. 요즘은 창원을 소개하는 팸플릿이나 책을 볼 때마다 성주사를 만난다. 생각 외로 유명한 절이었다. 유래에 관해선 두 개의 이야기가 전하는데, 하나는 가야시대를 배경으로 불모산과 관련 있는 내용이다. 가야 김수로왕의 부인 허왕후는 인도에서 사촌오빠 장유화상(허보옥)과 함께 한반도로 건너왔다. 왕은 귀한 손님인 장유화상이 머물 수 있도록 절을 지었다. 임금이 지시해 지었다 해서 금절이라 불렸고 절에 있는 우물도 임금이 마신 물이라는 뜻으로 어수각이라 이름 붙였다. 이게 첫 번째 이야기.

두 번째는 신라시대 배경이다. 일본과 가까운 남해안 지역에 자주 출몰하는 왜구는 신라 조정의 큰 근심거리로 흥덕왕(재위 826~836년) 또한 걱정이 컸다. 어느 날 왕의 꿈에서 계시가 떨어졌는데 무염화상(801~888년)과 의논해 왜구를 물리치라는 내용이었다. 무염(無染)은 당나라 유학파 출신의 유명한 승려. 왕이 지리산에 있던 무염에게 사자를 보내 그 사연을 전하자 무염은 신병(神兵)을 불러 왜구를 물리쳤다. 왕이 크게 기뻐하며 무염을 국사로 봉한다. 이후 절을 다시 크게 세우는데 성인이 사는 곳이라 해서 성주사란 이름을 붙였다는 내용이다.

　따지고 들면 두 이야기 모두에 허점이 있다. 첫 번째 이야기는 정확한 기록이 없고 두 번째는 성주사 창건연대인 835년과 무염의 행적이 일치하지 않는다. 무염은 821년 당나라로 건너갔다가 845년에 다시 귀국했다. 즉 835년에는 신라에 없었다는 이야기다. 어쨌든 1000년 넘는 역사를 지닌 절이니 수많은 이야기를 품고 있을 테고 진위 여부를 일일이 확인하긴 어려울 것이다.

　이와 더불어 절의 별칭에 얽힌 이야기도 전하는데 바로 곰절에 얽힌 사연이다. 1604년(선조 37년) 임진왜란으로 불에 탄 절들을 다시 세울 때다. 돈도 인력도 부족하던 시절 성주사를 다시 세우는 데 도움을 준 것이 사람도 아닌 곰이었다는 얘기다. 곰이 건축자재를 나르며 도움을 줬다고 해서 웅신사 또는 곰절이라는 별칭이 생겼다. 부처님 힘으로 곰이 득도를 해서 사람을 도운 것인지, 곰같이 생긴 사람이 부지런히 일해서 생긴 사연인지는 알 수 없지만 흥미롭다.

　성주사는 오래된 절인만큼 문화재도 많이 보유하고 있다. 목조석가여래삼불좌상은 보물 제1729호다. 1655년 당시 조각승으로 유명했던 녹원이 만든 작품이다. 녹원은 불교계에 여러 작품을 남겼는데 아직까지 목조석가여래삼불좌상보다 오래된 작품은 발견되지 않았다. 이밖에 고려시대와 조선시대 작품도 다수 있다. 삼층석탑(지방유형문화재 제25호), 대웅전(지방유형문화재 제134호), 관음보살입상(지방유형문화재 제335호), 감로탱화(지방유형문화재 제336호), 석조석가삼존십육나한상(지방유형문화재 제500호), 석조지장시왕상(지방유형문화재 제501호), 지장보살상 복장물 전적류(典籍類)(지방유형문화재 제502호) 등. 모르고 보면 그저 오래된 물건들이고 내용을 알고 보면 존재가 다르게 다가오는 시대적 작품들이다.

지장보살상 복장물 전적류가 문화재로 지정된 건 2010년 3월 11일이니 꽤 최근 일이다. 건물을 새로 짓는 과정에서 지장보살상을 옮기고 금칠을 새로 하다가 책 더미를 발견했다. 그 안에서 성주사를 웅신사(熊神寺)로 적어둔 책이 발견되어 옛 사람들이 '곰절'이라 불렀다는 이야기가 공식적으로 확인되었다. 더불어 당시 절을 지은 화원과 시주자 명단도 빼곡히 적혀 있었다고 한다.

성주사 대웅전

한때 100만 마리 겨울철새가 찾던 곳

주남저수지

겨울 어느 날이었다. 철새들이 찾아왔다는 소식을 전하는 뉴스 화면에서 수천 마리는 되어 보이는 새 무리가 한꺼번에 푸드득거리며 날아올랐다. 분명 장관이었을 것이다. 그러나 자연보다는 도시를 동경하던 초등학생 아이에게 겨울새의 군무는 심드렁하게 다가왔다. 그저 뉴스의 한 대목에 꽂혔다. "창원에 있는 이 저수지에서는…" 창원? 창원에 저렇게 큰 저수지가 있다고? 창원에 대한 인상이라면 그저 빽빽한 아파트단지와 끝이 보이지 않는 대로, 공업단지뿐이었던 어린아이에게 저수지와 새떼는 도저히 어울리지 않는 조합이었다. 어머니께 물었다. "창원에 저런 곳이 있어요?" "글쎄. 있다고 하데." 심드렁한 대화는 거기서 끝났고 아리송한 느낌만 남았다.

그 뒤에도 겨울만 되면 창원 주남저수지가 뉴스에 단골처럼 등장했다. 창원 어딘가에 저렇게 커다란 저수지가 있고 숫자를 셀 수 없이 많은 철새가 겨울이면 찾아온다는 사실을 받아들일 수밖에 없었다. 그럼에도 나나 주변 사람들에게 겨울철새나 주남저수지는 따로 시간을 내어 보러 가야 할 대상은 아니었다. 물론 누군가에게는 달랐을 것이다.

1970년대 후반, 주남저수지는 조류학계의 슈퍼스타로 급부상했다. 천연기념물 고니와 검독수리를 비롯해 대략 100만 마리가 넘는 겨울철새가 찾아왔기 때문이다. 1983년 11월엔 멸종된 것으로 알려진 흑두루미도 주남저수지를 찾았다. 조류학계는 열광했다. 그리고 한쪽에선 또 다른 속셈으로 열광하는 이들이 있었다. 속된말로 '돈벌이가 되겠다'는 것인데, 그들은 저수지 한쪽에 그물을 치고 독을 넣은 미끼를 풀었다. 그렇게 잡은 철새로 박제 모형을 만들고 남은 고기는 도시 참새구이 집에 안주로 내다팔았다.

아주 오랫동안 조용하기만 하던 주남저수지는 갑자기 인간과 새, 인간과 인간의 전투장으로 변했다. 1920년에 조성된 주남저수지는 말 그대로 농지에 물을 대고 홍수를 조절하는 용도였다. 1971년 둑 보강과 준설 작업을 거쳐 지금의 꼴을 갖추었다. 보통 주남저수지라고 하면 가장 큰 용산(주남)저수지와 동판저수지, 산남저수지 세 곳을 에둘러 일컫는데 면적을 다 합치면 8.98제곱킬로미터다. 서울광장의 약 680배이고 여의도의 약 3배다.

이 거대한 저수지 주변에서 살아가는 사람들은 주로 민물

새우나 민물조개를 잡고 억새를 베어 생활했다. 저수지는 든든
한 생활 터전이었다. 그런데 1970년대 후반에 들어 저수지가
'동아시아 철새들의 겨울 휴양지'로 주목받으며 상황이 달라졌
다. 주남저수지를 찾은 철새들은 인근 농지로 날아와 배고픔을
달랬다. 농부들은 1년 동안 지은 농사를 망치는 철새를 두고 볼
수 없었고, 조류학자와 환경운동가들은 세계적인 철새의 낙원
이 붕괴되는 걸 두고 볼 수 없었다.

일상적인 농업활동과 홍수조절 기능조차도 새들에겐 위협
이 되었다. 저수지의 원래 용도로는 때에 따라 물을 빼고 채워
야 했지만 철새 입장에서는 그 선택에 따라 터전이 사라질 수
도 있기 때문이다. '농업용수 확보를 위해선 저수지에 물을 채
워야 한다' '겨울철새가 살려면 물 수위가 너무 높아선 안 된
다'는 의견이 팽팽히 맞섰다. '환경보호도 중요하지만 주민이
먼저 살아야 하지 않느냐'는 측과 '농업용수 확보를 위해 만들
긴 했지만 지역의 중요한 생태자원'이라는 주장 가운데 어느
한 쪽의 손을 들어주기도 힘든 상황이었다.

이런 가운데 1997년 저수지 갈대밭에서 방화사건이 일어
났다. 경상남도와 창원시는 이 주변의 생태계보호구역 지정 움
직임에 반발한 주민 여럿이 병충해 방제를 빙자해 일부러 불
을 질렀다고 추정했다. 그 즈음 주변의 부도난 공장에서 기름
이 유출되어 저수지의 수질 기준도 5급수 밑으로 떨어졌다는
결과가 발표된다. 때마침 IMF가 터졌다. 온 나라 사람들이 제

코가 석자인 신세가 되어 환경에 대한 관심은 사치처럼 여겨졌다. 하지만 그것도 잠시. 자연 파괴가 인간에게도 위협이 되고 환경보호가 인간에게도 이롭다는 인식이 조금씩 자리 잡으며 자연과 인간을 대립이 아닌 공생 관계로 바라보려는 시각이 점점 공감을 얻어갔다.

2008년 10월 28일부터 11월 4일까지, 창원시는 람사르총회 개최지로 국제적인 주목을 받는다. 람사르총회는 사라져가는 습지와 습지생물을 지키기 위한 세계적인 학술대회로 '환경올림픽'이라고 불리는 큰 행사다. 세계 160개국에서 2000여 명이 참석해 동아시아의 습지 생태계에 중요한 역할을 하는 창원 주남저수지와 창녕 우포늪 등을 부럽게 참관하고 돌아갔다.

현재 주남저수지엔 생태학습관이 만들어졌고 수문과 배수장, 연꽃단지, 돌다리, 철새 촬영지를 잇는 탐방 코스를 운영 중이다. 물론 아직도 사람과 자연의 공생 문제에 관해 완전한 합의를 이룬 것은 아니다. 농사짓는 주민들은 여전히 불편을 호소하고 있다. 그러나 1970년대 초 누군가 "주남저수지도 곧 개발 명목으로 없어질지 모른다"고 걱정했던 바는 실현되지 않았다. 저수지는 아직까지 그 모습 그대로 남아 있다.

오랫동안 철새와 인간의 화해를 바라온 사람들에게 1971년 2월 13일자 동아일보는 다음과 같은 이야기를 전한다.

죽동리 용산마을에는 김동선이라는 노인이 있었다. 김 노인은 겨울이면 찾아오는 백조의 아름다움에 도취, 먹이를 주고 동네아이들의 못된 밀렵을 막아주었다. 비교적 사람과 친근하기를 좋아하는 백조는 김 노인이 좋았던지 김 노인이 6.25 전해인 49년 11월에 죽자 동네를 빙빙 돌다 사라진 후 그 해에는 이 저수지를 찾지 않았다고 한다.

백조는 고니라고도 불린다. 하지만 백조는 '흰 새'를 뜻하는데 고니 중에는 검은 종류(블랙 스완)도 있기 때문에 '백조'라는 표현은 부정확한 느낌이 드는 것도 사실이다. 고니와 큰고니 모두 천연기념물로 지정되어 있고. 과거에 비해 국내에 찾아오는 개체수는 현저히 줄어들었다.

주남저수지에 찾아온 고니들

© 창원시

환경도시의 상징, '누비자'를 아시나요?
자전거특별시

초등학교 3학년에 우연히 배운 자전거
는 신세계를 열어주었다. 원 두 개가 힘을 합쳐 세상을 스르릉
굴러가는 느낌은 부드러우면서도 강렬했다. 비록 달리기는 느
렸지만 자전거에 올라타면 가장 빠른 사람이 된 것 같았다. 페
달을 밟을 때 살갗에 와 닿는 바람의 느낌도 너무 좋았다. 그
때부터 자전거 사달라고 노래를 불렀을 것이다. 오래지 않아
몇 달 뒤 생일에 아버지가 근사한 자전거 한 대를 끌고 나타나
셨다.

자전거를 타고 안 다닌 곳이 없다. 우리 동네를 넘어 옆 동
네로, 마을길을 넘어 차도로 내달렸다. 자동차를 앞지르기하고
브레이크 없이 내리막 타기를 하며 스릴을 즐겼다. 그래서였을
것이다. 자전거를 도난당했을 때 어머니가 그리 혼내지 않고
되레 다행스런 표정을 지었던 것은.

그 시절 인근 창원시에 갔을 때 가장 매혹적인 풍경은 비행

기 활주로만큼이나 넓은 차도와 자전거전용도로였다. 자동차
가 다니는 도로 바로 옆에 꽃밭이 있고 그 옆으로 자전거전용
도로가 근사하게 닦여 있었다. 길은 훌륭한데 아무도 자전거를
타고 다니지 않아 휑하고 쓸쓸해 보였다. 서울에 63빌딩과 여
의도광장이 있듯 창원에는 넓은 도로와 우리나라에서 가장 큰
광장이 있었다. 그리고 끝이 보이지 않는 공장단지. 그것이 창
원의 얼굴이었다.

넓은 창원대로를 즐기는 일부 사람이 있긴 했다. 창원에서
나고 자란 백명기 씨는 그 시절 열렬 자전거족에 속했다. 초등
학교 시절 그에게 창원대로는 인기 있는 자전거 여행 코스였다
고 한다. 한쪽 끝에서 끝까지 달리면 대략 12킬로미터. 세상이
신기하고 모르는 것투성이인 남자 어린아이에게 창원대로 자
전거횡단은 자랑할 만한 모험이었다. 일단 완주하고 나면 주변
에서도 용감한 아이로 인정해주었다.

"어린이 자전거가 없었으니 다들 커다란 아버지 자전거를 끌고 나
왔다. 삐딱하게 한 다리를 걸치고 페달에 붙어 있던 모습이 눈에
선하다. 그 당시엔 자동차가 많지 않았으니 대로는 아주 좋은 자전
거 코스였다."

그러나 자전거 시대는 금세 불어난 자동차에 밀려났다. 도
로 한쪽을 당당히 차지했던 자전거전용도로도 차도로 바뀌거

나 유명무실해졌다. 어린 남자 애들이나 이용하던 자전거도로가 사라지는 것을 반대하는 이는 없었다. 집집마다 승용차를 갖고 타는 것이 미덕인 시대로 돌입했고 소득과 비례해 자동차의 덩치도 빠르게 커졌다. 자동차 크기는 곧 그 사람의 성공을 가늠하는 척도였고 자전거는 공터에서나 타는 장난감으로 전락했다.

2000년대 들어서며 도시를 평가하는 잣대가 달라지기 시작했다. 환경보호, 삶의 질 같은 단어들이 빈번하게 등장했다. 공장보다는 공원과 녹지, 자동차보다는 걷기 좋은 거리에 방점이 찍히고 고소득보다 삶의 여유와 조화가 더 중요하다는 주장이 등장했다. 이미 1인당 GNP 3만 달러를 넘긴 나라들에서 불기 시작한 이 바람을 우리나라도 피해가지 못했다.

2006년 11월 2일 창원시는 환경수도 선언을 한다. 그와 함께 '자전거특별시 창원'을 슬로건으로 내세웠다. 당시 박완수 창원시장이 밑그림을 그리고 흐름을 주도했다. 2007년 3월 2일부터 직장에서 3킬로미터 이내에 사는 사람은 모두 자전거로 출퇴근하게 만들겠다고 선포했다. 파격적인 조치에 여기저기서 당황하는 분위기가 감지되었다.

그 해 2월 박완수 시장을 만나 인터뷰한 일이 있다. 그는 "환경수도 창원을 실현하기 위해선 맑은 물과 깨끗한 공기가 필수적이다. 그래서… 대기오염의 85퍼센트를 차지하는 자동차 통행을 줄이는 정책을 생각하게 된 것"이라고 밝혔다. 박 시장은 향후 펼쳐나갈 정책 청사진을 꽤 자세히 제시했는데 자전거 경찰관, 자전거 출퇴근 수당 지급, 자전거전용 신호등, 자전거보험, 출퇴근 자전거 전용차로제, 자전거 백화점 등이 실제로 하나둘 실현되었다.

2008년 10월 첨단 시스템 방식의 공공자전거 도입, 2009년 자전거전용 신호등 설치와 자전거 출퇴근 수당제 도입은 모두 국내 첫 사례였다. 이와 더불어 창원시는 세계지방자치단체 모임 'C40 기후변화 리더십 그룹'에 서울에 이어 두 번째로 참여했고 환경올림픽이라 불리는 람사르총회를 개최하는 등 환경도시와 자전거도시 이미지를 심는 작업을 꾸준히 했다. 2017년 기준 창원시에 보급된 공공자전거 대수는 서울에 이어 2위, 자

국내에서
위성위치확인시스템(GPS)이 부착된
첫 공영자전거 시스템인 누비자.

전거전용도로 비율은 전국 1위를 기록 중이다. 2016년 국책연구기관인 건축도시공간연구소가 진행한 '2014년 보행정책 성과지수'에서 창원시는 83.55점으로 전국 228개 지자체 가운데 1위를 차지한다.

국내에선 앞서가는 자전거도시이지만 네덜란드, 덴마크 등의 대표적인 도시들과 비교하면 아직도 격차가 크다. 유럽의 자전거 문화를 겪어보았거나 공부한 이들은 '자전거도시 창원'은 아직 갈 길이 먼 구호라고 지적한다. 자전거 이용 비율이나 교통 약자를 배려하는 문화, 자전거를 편하게 탈 수 있는 공간 등 여러 차원에서 부족하다는 얘기다. 자전거전용도로와 자전거 보관 및 주차 시설, 공공자전거 관리 등이 부실해 실제로 타기 어렵다는 지적도 나온다. 물론 이런 지적들은 창원시가 열심히 자전거 정책을 실현해가는 과정에서 나온 비판들이다. 아무 것도 하지 않으면 욕먹을 일도 없다.

언젠가 창원에 사는 한 지인이 자전거로 출퇴근한다는 이야기를 들었다. 또 다른 창원 지인은 집에서 직장까지 20분 정도 되는 거리를 걸어 다닌다고 했다. 주변 사람들이 무언가를 하나씩 실천한다면 나도 모르게 영향을 받는 법이다. 출퇴근이나 등하교 시간대의 자전거 부대는 이제 창원에선 꽤 자연스런 풍경이다.

세계 1위 농산물을 수출하다
창원단감

어린 시절 방학이면 전남 나주에 있는 외가를 찾았다. 어른 키를 훨씬 넘는 나무 대문을 지나면 너른 마당이 나왔다. 마당 한가운데에 평상이 있고 그 한쪽엔 올려다보려면 한참 고개를 꺾어야 하는 감나무가 한 그루 자라고 있었다. 어른 열 명이 서로 목 위에 올라타도 모자랄 정도로 큰 나무에서 감을 따려면 아주 긴 대나무 막대기가 필요했다. 하루는 외삼촌이 막대기로 감을 잘라 떨어뜨렸는데 그 감을 덥석 베어 물고는 오만상을 찡그렸던 기억이 난다. 맛이 너무 떫었다. 그 뒤로 '감은 떫다'는 인상이 한동안 기억을 지배했다.

세월이 흘러 언젠가부터 추석이 되면 집에 과일상자가 들어왔다. 사과, 배, 감 등이었다. 감 상자엔 항상 진영단감이란 글자가 선명했고, 옛 기억을 무색케 할 만큼 진영단감은 달았다. 가끔씩 어머니와 과일장을 보러 갈 때도 감 바구니 앞엔 항상 '진영'이란 글자가 붙어 있었다. 그 후로 내 머리에도 사과는 대구, 배는 나주, 감은 진영이라는 등식이 자리 잡았다.

1985년 경남 김해시 진영읍에서 제1회 단감축제가 열렸다. 80년대 초반 이후로 각 지역에서 대표 특산물을 내세워 축제를 여는 게 유행처럼 번졌다. 진영은 단연 단감이었다. 평야가 넓은 김해는 국내 최초로 비닐하우스 농업을 시작했을 정도로 농업 기술을 선도하는 지역이었고, 여기서 키워낸 진영단감은 일찍부터 전국구 특산품으로 명성을 떨쳤다. 그런데 1994년, 창원에서도 제1회 단감축제가 열렸다. 진영단감이 아니라 창원단감이라는 명칭이 행사장인 동읍공설운동장에 내걸렸다. 다음해엔 경남에서 전국 최초로 단감협의회가 만들어졌는데 초대회장을 창원시 북면조합장인 김종하 씨가 맡았다. 아마 당시에 뉴스를 봤다면 "창원에 무슨 단감 농장이 있다고 회장을 하지?"라고 생각했을 것이다.

단감 생산에 있어 진영이 전통의 강호라면 80년대 중반 본격적으로 감 생산단지를 조성한 창원은 신흥 강호였다. 90년대 들어 창원 감 농사는 진영에 버금갈 정도로 세를 확장했고 단감축제는 그 자신감의 반영이라고 할 수 있다. 김해와 창원은 각각 단감축제를 열면서 '우리 단감이 더 맛있다'고 주장했지만 맛은 사람마다 취향이 달라 우열을 가리기가 쉽지 않다.

창원단감 측은 여기서 한 발 더 나아갔다. "지명도에선 떨어지나 재배 면적과 생산량에서 앞서니 단감 주산지는 우리"라고 주장했다. 진영의 감 재배 면적이 창원보다 적은 건 사실이었다. 창원은 아주 쐐기를 박고 싶었던 모양이다. "이미 약 80년 전에 다른 지역보다 먼저 감 재배를 시작했다"며 원조 논쟁을 벌인 것이다. 진영은 발끈했다. 재배 면적과 생산량은 그렇다 쳐도 원조를 포기할 순 없었다. 전쟁의 서막이 올랐다.

2016년 6월 23일, 국내 최초의 단감 주제 테마공원 개장식에서 논쟁이 다시 불거졌다. 최용균 창원시농업기술센터 소장이 "단감 시배목(始培木, 처음으로 가꾼 나무)을 테마파크로 옮겼다… 단감을 많이 심어서 대중화한 것은 김해 진영이지만 실제 시배지는 이 나무가 대변하듯 창원"이라고 주장했다. 진영은 또 발끈했다. 불과 일주일도 지나지 않은 29일에 김해시청 프레스센터에서 기자회견을 열었다. 김해 측 장수는 허만록 김해시농업기술센터 소장. "최근 창원시가 국내 단감의 첫 재배지라고 주장하는데 이는 사실과 다르다… 1927년 당시 진영역장 요코자와 씨가 단감을 재배하기 위해 일본 식물학자 세 명의 지도를 받고 진영읍 신용리에 100여 주의 단감나무를 심어 재배를 시작한 것이 국내 단감의 시초다."

창원은 시배목을 근거로 내세웠고 김해는 각종 기록을 근거로 댔다. 한편에선 "한반도 남부지방에서 재배되고 있는 단감의 시배지를 규명한 자료는 아직 없다… 단감 문화의 발전을 위해서는 시배지 등에 관한 체계적인 연구가 필요하다"는 주장도 나왔다. 이후 논란이 더 커지진 않았지만 여전히 수면 아래에선 '단감 원조' 자리를 놓고 전쟁 중이다. 진영 측은 창원에 맞서는 단감테마공원을 준비하고 있다. 진영읍 신용리 군락지에 있는 시배목을 옮겨온다고 하니 테마공원을 개장할 때쯤 다시 한 번 원조 논쟁이 촉발될 예정이다.

두 지역의 자존심 논쟁과는 별개로 단감은 우리나라를 대표하는 농산물이다. 감 생산량 세계 1위가 바로 한국. 단감을 최초로 재배한 일본보다 많을 뿐 아니라 전 세계 생산량의 40퍼센트 정도를 담당하고 있다. 그 중 60퍼센트를 경상남도에서 생산한다고 하니 창원과 진영은 전 세계 단감 생산의 중추기지인 셈이다.

사진 찍는 이들이 찾아오는 출사 명소
메타세쿼이아 가로수길

"와, 여긴 나무들이 다 키가 크네요."

창원 땅에 처음 발을 디딘 아내가 밝힌 소감이다. 평생 서울과 인근 도시에서만 살았던 아내에게 창원은 외국만큼이나 생소한 곳이었다. 때론 아무 정보가 없는 사람이 현상을 더 잘 보는 법이다. 익숙함에 가려 스쳐 지나가던 것을 외부인은 남다르게 찾아낸다. 아내가 찾아낸 것은 창원의 메타세쿼이아였다.

1970년대 중반 허허벌판에 계획도시 창원을 만드는 작업이 시작되었을 때, 도로를 닦고 집을 다 세웠지만 도시가 너무 휑했다. 콘크리트로 채운 도시엔 삭막한 느낌이 가득했다. 가장 좋은 대안은 꽃과 나무를 우거지게 심는 것이다. 가로수로 무엇을 심을지 고심하다가 선택된 나무가 바로 메타세쿼이아였다. 키가 크고 곧게 자라는 메타세쿼이아는 외관이 시원하고 성장도 아주 빨라서 주변환경을 금세 변화시키는 장점이 있었다.

이름이 비슷해서 흔히 혼동하지만 메타세쿼이아(Metasequoia)

는 세쿼이아(Sequoia) 또는 레드우드라고 불리는 미국삼나무와
는 다른 종류다. 미국삼나무와 나뭇잎 모양이 닮아서 '메타세
쿼이아'라는 이름이 붙었지만 속성은 전혀 달라 별도의 속명으
로 분리되었다. 세쿼이아는 소나무목 측백나무과에 속하고 메
타세쿼이아는 낙우송과에 속한다.

미국삼나무(세쿼이아)는 세계에서 가장 키가 큰 나무를 꼽
을 때 상위권을 독식하는 것으로 유명하다. 미국 캘리포니아주
에 있는 세쿼이아국립공원에 가면 키가 100미터에 달하는 세
쿼이아들이 즐비하다. '세상에 이런 일이' 같은 해외토픽에서
나무 중간에 터널을 뚫어 자동차가 드나드는 장면을 보았다면
대부분 세쿼이아 나무다. 세쿼이아는 키가 너무 커서 물관이
위쪽까지 수분을 충분히 실어 나르지 못해 수분의 25~50퍼센
트를 안개에서 얻는다는 신기한 정보도 있다.

세쿼이아의 뒤를 잇는 나무라 해서 라틴어 접두어인
'meta(뒤, 나중이라는 뜻)'가 붙은 메타세쿼이아도 세쿼이아만큼
은 아니지만 빨리, 크게 자라는 특성이 있다. 그래서 1960~70
년대 정부가 헐벗은 산을 나무로 뒤덮으려고 할 때 관심 수종
이 되었다. 메타세쿼이아는 1971년 당시 주한미군사령부 한미
합동참모단 소속 C. 클로렌스 해군중령에 의해 국내에 처음 들
어왔다. 그가 미국에서 가져온 메타세쿼이아는 총 500그루. 그
중 100그루는 국립서울현충원으로, 100그루는 제주도로, 나머
지는 부산, 대구 그리고 각 대학교 연구용으로 보내졌다. 국내

에서 가로수로 식재 가치가 있는지 알아볼 용도였다.

메타세쿼이아 식재 사업이 가장 먼저 본격적으로 추진된 곳은 전남 담양이었다. 정부는 1972년 가로수 시범사업으로 담양 외곽 8킬로미터 구간에 메타세쿼이아를 심었다. 이 새로운 시도가 대한민국을 대표하는 명품 가로수길의 탄생으로 이어질 것이라고 상상한 이가 당시에 얼마나 되었을까. 그로부터 50여 년이 흘러 담양 메타세쿼이아 길은 영화, 드라마, CF 촬영지 그리고 여행자들에게도 전국에서 사진 찍기 좋은 명소로 이름을 떨친다. 그 당시 메타세쿼이아의 사업성에 주목한 사업가도 있었다. 1974년 10월 7일 매일경제에는 '메타세코이아 국내 분양 안내'라는 제목의 상업 광고가 실렸다. 메타세쿼이아의 국내 첫 상업 판매를 알리는 광고였다.

담양에 가로수길을 조성한 지 대략 10년쯤 지난 1980년대 초, 창원시도 몇몇 도로에 메타세쿼이아 나무를 심었다. 매년 1미터씩 쑥쑥 자라니 조경 효과가 확실했다. 하지만 사람들은 낯선 나무에 쉽게 정을 붙이지 못했고 나무의 짙은 그늘이 농사에 지장을 준다고 생각했다. 담양에서도 메타세쿼이아를 더 심자고 했던 공무원이 농민들의 반발로 물러섰다.

비단 메타세쿼이아만의 일은 아닌데 외국산 나무들이 토종나무를 밀어낸다는 반발도 있었다. 1980년대 초 동아일보는 '제주도에 특산식물만 해도 여러 종인데 편백이나 삼나무와 같은 외국 원산을 심어 관광지를 볼품없게 만든다'는 기사를 실었다. 90년대에도 경향신문에서 '일본 원산의 삼나무… 자생수림을 베어내고 대신 심은… 땅바닥에 붙어 자라는 지피식생을 죽이는 배타적인 나무… '악마나무'라는 다소 과장된 비난을 듣고 있기도 하다'는 기사를 실었다.

창원도 마찬가지. 메타세쿼이아가 자라며 주택가로 뿌리를 뻗자 충돌이 일어났다. 가로수 뿌리가 주택가 오수관이나 하수관을 막는다는 비판이 제기된 것이다. 또한 큰 나무 밑동이 땅속에서부터 보도블록을 밀어 올려 도로가 울퉁불퉁해지는 현상에 대해서도 못마땅해했다. 2014년 4월 창원시의회에선 이를 두고 시의원들 사이에 논쟁이 일었다. '주민들에게 피해를

© 창원시

젊은이들을 불러 모으는
용호동 메타세쿼이아 가로수길

주고 있으니 가로수 제거 및 수종 변경 작업에 나서야 한다'는 의견과 '시의 상징수를 제거하는 것은 어불성설'이라는 의견이 서로 맞섰다. 메타세쿼이아가 창원을 상징하는 가로수인 것은 맞지만 주민들을 짜증나게 하고 공무원의 일을 늘리는 애물단지가 되어버린 것이다.

이런 가운데 우연찮게 창원 메타세쿼이아 가로수길이 전국의 주목을 받게 된다. 2011년쯤 용호동에 있는 옛 경남도지사 관사 앞길에 카페 몇 개가 들어서기 시작했다. 이 길은 도로 폭보다 훨씬 큰 메타세쿼이아 가로수가 늘어서 아늑한 느낌을 주고 긴 나무 그늘이 차도를 완전히 덮을 때면 마치 터널 안에 들어선 듯한 고요함이 감돈다. 그래서 카페를 다녀간 사람들의 입에서 입으로 '분위기 좋은 곳' '사진 찍기 좋은 곳'이라는 소문이 퍼지며 전국적인 출사 명소로 떠올랐다.

이렇게 서서히 일어난 변화를 정작 창원 사람들은 알아채지 못했다. 창원 출신인 백명기 씨는 당시 용호동에서 교사생활을 하고 있었지만 학교에서 걸어갈 수 있는 곳에 조성된 카페거리에는 전혀 관심이 없었다고 한다. 그 후 2007년에야 용호동 카페거리에 대한 소문을 처음 듣고는 '거길 왜 가지? 뭐 볼 게 있다고.'라고 생각했다는 것이다.

1999년 영국 엘리자베스 여왕 부부의 방한으로 서울 인사동 일대가 새롭게 주목을 받았던 것처럼, 또는 프랑스 대사 피에르 랑디 씨의 우연한 언론 소개로 국내 여행자들도 잘 모르던 진도 '모세의 기적길'이 유명세를 치른 것처럼, 어떤 장소가 만인에게 알려지는 계기는 우연찮게 찾아온다. 창원 사람들은 꽤나 심드렁하게 반응했지만 젊은 층을 중심으로 용호동 메타세쿼이아 길은 순식간에 떠버렸다.

요즘 창원을 찾는 여행자들이 가장 관심 있어 하는 장소인 이 길은 이제 카페거리로 유명한 서울 신사동 가로수길에 빗대어 일명 창원 가로수길이라 불린다. 2018년 4월 18일부터 일주일간 지구환경 보호를 촉구하는 '지구의 날' 오프라인 캠페인이 전국 7개 지역에서 열렸다. 서울역, 부산 해운대 이벤트광장, 광주 금남로, 인천종합터미널, 대전역, 제주 용머리해안과 함께 창원 가로수길이 이벤트 장소로 꼽혔다. 그만큼 많은 사람들이 아는 전국구 명소로 등극했다는 증거다.

2017년 기준으로 창원 길가에 심어진 메타세쿼이아 나무는 6700여 그루. 한자리에서 40년을 넘긴 이 나무들은 어느덧 평균 신장이 30미터를 훌쩍 넘는다. 그만큼 뿌리도 길게 뻗어 여전히 창원에서 가장 많은 민원을 발생시키는 대상 가운데 하나다. 이 길의 운명은 앞으로 어떻게 될 것인가. 도심 밖 메타세쿼이아 길이 담양에 있다면 도심 속 메타세쿼이아 길은 창원에 있다. 창원 사람들이 반기든 안 반기든 그렇게 생각하는 이들이 점점 늘고 있다.

걸어서
창원시 인문여행
추천 코스

인문 여행 #1

마산 역사의 요약본

임항선 그린웨이

● 북마산중앙시장(기찻길시장) → ● 북마산역 → ● 철로육교 → ● 가고
파꼬부랑길 벽화마을 → ● 몽고정 → ● 3.15 의거탑 → ● 반야월 노래비
→ ● 월포해수욕장 표지석 → ● 태풍 매미 희생자 위령비

임항선 그린웨이는 마산 역사의 요약본이다. 임항선은
1905년에 뚫린 마산항제1부두선을 뜻한다. 마산역과 마산항역
을 오갔다. 1970년대 이후 역할이 크게 줄어든다. 열차가 거의
다니지 않자 선로 주변에 민가가 들어서고 급기야 시장 한 곳
이 선로를 점거한다. 지자체의 결단이 필요한 상황. 결국 공원
으로 만들기로 결정한다. 일명 '그린웨이' 사업. 2012년 1월 26
일 철로를 닫고 2013년 7월 공원 조성을 마무리한다.

공원이 된 철길 보행로 길이는 5킬로미터 정도. 걸어서 1시
간에서 1시간 30분 정도 걸린다. 준비물은 단 두 가지. 마산이
란 도시에 대한 호기심과 운동화 한 켤레면 충분하다. 기차나
고속버스 또는 시외버스를 타고 왔다면 일단 기찻길시장(철길
시장)으로 이동하자. 북마산중앙시장과 붙어 있다. 도보로 8~10

291

분 정도다. 철로 위와 옆으로 시장이 들어선 풍경이 재미있다.
투박한 느낌이 나는 시골 시장 같다.

마산항 방면으로 걷다 보면 북마산역이 나온다. 물론 진짜
역이 아니라 과거 역을 재현한 모형이다. 근처 육교를 놓치지
말 것. 철로로 기둥을 세웠다. 전국에서 철로로 만든 육교는 여
기가 유일하지 않을까 싶다. 다시 걷다 보면 가고파꼬부랑길 벽
화마을이 나타난다. 타임머신은 없지만 과거로의 여행이 가능
하다. 이 마을에 들어서는 순간 바로 과거로 순간이동. 단 오르
막이 심하니 마음의 준비를 할 것. 우물이나 나무전봇대 등 지
금은 거의 보기 힘든 유물들을 만나게 된다. 다양한 벽화는 또
다른 볼거리.

가던 방향으로 조금 더 걸으면 3.15 의거탑이 나온다. 1960
년 3월 15일 마산에서 시작된 부정선거에 대한 항의는 이후
4.19 혁명으로 이어지고 결국 이승만 정권이 국민 앞에 무릎을
꿇는 계기가 된다. 3.15 의거 덕분에 마산은 오랫동안 야당 도
시라는 뜻으로 '야도 마산'이라 불렸다.

근처엔 작은 우물이 하나 있는데 몽고정이다. 1281년 일본
정벌에 나선 몽골군이 마산에 주둔했던 흔적이다. 이 지역에
주둔한 군사들에게 마실 물을 대기 위해 우물을 팠고 긴 세월
을 지나 지역 브랜드가 되었다. 몽고식품, 몽고간장이 바로 몽
고정에서 시작된 이름이다.

더 나아가면 마산여객선터미널이다. 여기엔 두 개의 상징물

이 나오는데, 하나는 **반야월 노래비**이고 또 하나는 **월포해수욕장 표지석**이다. 마산이 고향인 반야월의 대표작은 〈산장의 여인〉. 마산결핵병원에서 만난 한 여인을 모티브로 만든 노래다. 〈단장의 미아리고개〉〈울고 넘는 박달재〉〈아빠의 청춘〉〈무너진 사랑탑〉〈소양강처녀〉〈불효자는 웁니다〉 등 히트곡이 꽤 많은 작곡가다. 지역을 대표할 만한 인물이지만 2008년 친일인명사전에 등재되면서 기념 사업은 주춤한 상태다. 월포해수욕장 표지석은 일제강점기 전국구 해수욕장으로 이름 높았던 그 시절 이름을 기억하기 위해 세워졌다.

여유가 된다면 근처 **임항선 시의거리**도 놓치지 말기 바란다. 마산에서 태어났거나 이곳에서 주요 시기를 보낸 시인들이 적지 않다. 유안진, 이은상, 최순애, 김춘수 등이 마산과 맺었던 인연이 새롭게 다가온다.

이제 거의 막바지다. 바닷가 근처 공원에 **태풍 매미 희생자 위령비**가 숨어 있다. 2003년 9월 발생한 태풍이 마산어시장을 덮쳤고 그 때 목숨을 잃은 18명을 기리는 비다. 여기까지 왔으면 그린웨이 여행은 끝난다. 완전하진 않지만 단기 코스로 마산을 이해하기에 이보다 좋은 경로는 없다. 다리가 살짝 뻐근하다면 여행을 잘했다는 증거다.

인문 여행 #2

100년의 흥망성쇠, 새로운 날갯짓

마산 옛 중심가

● 부림시장 → ● 떡볶이거리 → ● 창동예술촌 → ● 창동상상길 → ● 불종거리 → ● 오동동 문화의거리(아구찜거리, 통술거리) → ● 복요리거리 → ● 마산어시장 → ● 장어구이거리

사람이 그렇듯 국가와 도시도 흥망성쇠를 겪는다. 기간이나 때의 차이만 있을 뿐 예외는 없다. 각 도시는 앞서거니 뒤서거니 하면서 역사의 수레바퀴를 돌린다. 일제강점기부터 1980년대까지 마산은 쭉 오르막이었다. 마산은 인구 순위로 1970년대 전국 7대 도시에 오른다. 경남권에선 부산 다음이 마산이었다. 한일합섬을 비롯한 대기업과 수출자유지역 덕분이었다. 1990년대 후반 한일합섬이 무너지고 여러 대기업들이 덩달아 도산하거나 지역에서 떠난다. 마산 경제는 직격탄을 맞았다. 추락은 순식간이었다. 결국 지역 주도권을 창원에 내주고 2010년 통합창원시란 이름 아래로 들어가 도시의 지위가 달라진다.

마산이 내리막을 걷는 동안 시내 중심가인 창동과 오동동, 부림동은 가장 눈에 띄는 변화를 겪었다. 사람들로 인산인해를

이루던 거리는 한산해졌고 가게들도 손님이 뜸해졌다. 그렇게 세월이 흘렀다. 지금 옛 마산 중심가에선 흥망성쇠의 흔적과 새로운 날갯짓이 한창이다.

옛 영화가 사라졌다곤 하지만 2015년까지 경상남도에서 가장 땅값이 비쌌던 창동엔 오래된 가게들이 적지 않다. 학문당(1955년 개업), 고려당(1959년 개업), 황금당(1938년 개업), 모모양복점(1960년 개업), 본초당한의원(1955년 개업), 불로식당(1951년 개업), 일신당(1947년 개업)이 풍파를 이겨내고 살아남았다. 창동분식(1969년 개업), 창동복희집(1971년 개업)도 어느덧 적잖이 나이를 먹었다. 오래된 가게들이 창동을 지켜온 가운데 2012년 도시재생사업으로 창동예술촌이 새로이 탄생했다. 1950~60년대 창동에서 활발했던 문화예술의 기억을 가져온 것. 문신예술골목, 마산예술흔적골목, 에꼴드창동골목이라는 3가지 테마로 나눠 50여 개 입주시설을 만들었다. 골목 벽엔 개성 넘치는 그림이 그려졌고 가게마다 예술가들의 작업 공간이 차려졌다.

창동 중심거리엔 '상상길'이란 이름이 붙었다. 2015년 한국관광공사의 인터넷 캠페인 '당신의 이름을 한국에 새겨보세요' 공모를 통해서다. 전 세계에서 30여만 명이 참가했고 그 중에서 뽑힌 2만3000명의 이름이 보도블록에 새겨졌다. 새로운 데이트 코스로 떠오르면서 '쌍쌍길'이란 애칭이 생겼다. 바닥에 붙은 이름들을 구경하고 오래된 간판을 찾다가 오래된 맛집 탐방에 나선다면 창동 구경을 제대로 하는 것이다.

시장을 제대로 구경하고 싶다면 창동과 붙어 있는 부림동으로 이동할 것. **부림시장**은 1924년 부림공설시장으로 시작해 역사가 길다. 염색골목, 포목골목, 묵자(먹자의 사투리)골목 등으로 나뉘어 있다. 시장 입구는 **떡볶이 가게들 몫**이다. 떡볶이 냄새가 배를 고프게 만든다. 부림시장 안에는 **부림창작공예촌**(창동예술촌)이 있어 다양한 공예 체험이 가능하다.

부림시장에서 다시 **상상길**을 따라 끝까지 걸으면 **불종**이 나온다. 과거 불이 났을 때 도시 중심에서 치던 종을 재현해서 달아놓았다. 불종거리에 인접한 코아양과(1980년 개업)는 드라마 〈응답하라 1994〉에도 나왔을 정도로 마산에선 유명한 만남 장소였다. 여기서부터 **오동동 문화의거리**다. **아구찜거리, 통술거리**가 이 구역 안에 있다. 이들 먹거리 골목 뒷길은 **오동동 소리길**이라 이름 붙었다. 〈오동동타령〉 노래의 근원지라는 점을 강조하기 위해서다. 땅을 보며 걷다 보면 3.15 의거 발원지라는 표지판도 나타난다. 무심코 더 걷다 보면 또 다른 먹거리 골목이 나타난다. **복요리거리**다. 여기서부터 **마산어시장**이 시작된다. 어시장에 발을 들여놓기 전에 마음 단단히 먹어야 한다. 생각보다 가게가 많고 길이 복잡하다. 다행히 길을 헤매지 않고 끝까지 간다면 그 끝엔 **장어구이거리**가 있다.

인문 여행 #3

국내 최초 방사형 계획도시를 만나다

진해 로터리 투어

● 진해역 → ● 북원로터리(이순신 장군 동상) → ● 중원로터리 → ● 흑
백다방 → ● 군항마을역사관 → ● 새수양회관 → ● 영해루(현 원해루) →
● 진해우체국 → ● 장옥거리 → ● 선학곰탕 → ● 남원로터리(김구 선생
친필 시비) → ● 제황산공원 → ● 진해중앙시장

파리, 런던, 로마, 캔버라, 뉴델리의 공통점은? 바로 방사
형 도시라는 점이다. 우리나라에도 있다. 바로 진해. 방사형 도
시가 궁금하다면 무조건 진해로 가야 된다. 진해는 북원, 중원,
남원이라는 3개 로터리를 중심으로 시내가 만들어졌다. 그게
1912년. 그 시절 만든 길이 지금까지 고스란히 남았다. 운 좋게
지금까지 남은 그 시절 건물도 제법 많다.

진해 북원, 중원, 남원 로터리 여행은 100여 년 전 도시로의
여행인 셈이다. 그래서인지 진해 구 시가지는 드라마 촬영지로
인기가 높다. 〈로망스〉〈온에어〉〈봄의 왈츠〉 촬영지가 바로 여
기다. 이들 드라마를 감명 깊게 봤다면 어떤 곳에선 드라마와
여행지가 오버랩 될 것이다.

진해 옛 시가지 여행은 도시 역사에 관심 있는 사람, 옛 건

물에 관심 있는 사람, 예쁜 풍경에 관심 있는 사람 모두에게 유익하다. 로터리 구조에 익숙하지 않다면 처음엔 길을 헤매겠지만 헤매는 것도 재미다. 시내가 크지 않아 몇 번 헤맨다 해도 그렇게 수고롭진 않다.

북원로터리에서 가까운 **진해역**은 등록문화재 제192호다. 1926년 만들어졌다. 북원로터리 한가운데 있는 인물은 **이순신 장군 동상**이다. 이순신 동상이 가장 먼저 만들어진 곳이 바로 진해이며, 이것이 '군사도시 진해'를 상징한다. 1952년 이순신 장군상이 세워지며 진해 군항제가 시작되었다.

중원로터리엔 일제강점기 건물들이 꽤 많아 과거 여행을 하기에 제격이다. 일제강점기 주상복합 건물인 장옥(1층 상가, 2층 살림집)들이 모인 **장옥거리**, **새수양회관** 팔각정(1920년대 건축 추정, 러시아풍 목조건물), **진해우체국**(1912년 준공) 등은 모두 사적이나 등록문화제로 지정된 곳들이다.

흑백다방과 **영해루**(현 원해루) 또한 오래된 건물들이다. 흑백다방은 1952년에 지금 자리에서 개업해 국내에서 가장 오래된 다방으로 꼽힌다. 시인 김춘수와 서정주, 화가 이중섭, 작곡가 윤이상 등이 다녀갔다. 영해루는 영화 〈장군의 아들 2〉 촬영지로 쓰였다.

북원로터리가 이순신 장군이라면 **남원로터리**는 백범 김구다. 1946년 진해를 방문한 김구 선생이 해안경비대 장병을 격려하고 광복을 기뻐하며 남긴 글이 붙어 있다. 일본식 연립주택 형태인 구 충의동 유곽이 있는 곳이 남원로터리 근처다. 근처 선학곰탕집 건물을 보고 특이하다 생각했다면 바른 의문이다. 1938년 지어진 옛 해군통제부 병원장 관사이기 때문이다.

남원로터리에서 제황산공원이 멀지 않다. 제황산은 높이 107미터에 불과하지만 진해 시내와 앞바다를 내려다보기엔 충분하다. 2009년에 만들어진 모노레일을 타고 오르거나 365계단을 따라 올라가면 된다. 꼭대기엔 일본이 러일전쟁 승전을 기념해 세운 승전기념탑을 허물고 세운 진해탑이 우뚝하다. 우리 군함을 상징하는 구층탑은 1967년 만들어졌다. 진해탑 정면의 '제황산공원'과 '진해탑' 글씨는 박정희 전 대통령 친필이다. 낮은 산이지만 임금이 날 명당이라고 해서 제황산이라는 이름이 붙었다는 이야기가 전해올 정도로 전설의 무게는 어마어마하다. 벚꽃철 진해탑 꼭대기에 오르면 로터리에서 펼쳐지는 각종 행사를 한눈에 내려다볼 수 있다. 인파가 어마어마해 진해탑 꼭대기까지 올라가는 게 보통 어려운 일이 아니라는 게 함정. 배가 고프다는 생각이 들면 이미 가까이에 있는 진해중앙시장의 음식들이 코를 유혹하고 있을 것이다.

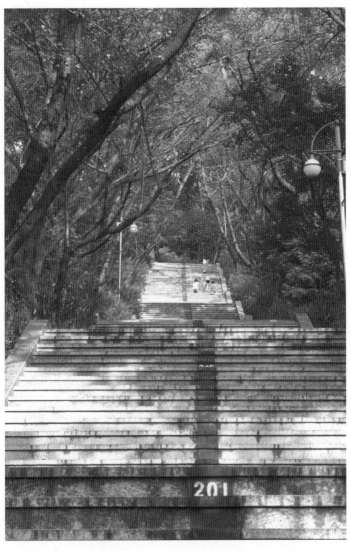

제황산 365계단

인문 여행 #4

1960~70년대 풍경이 딱!
군항 진해의 또 다른 모습

소사마을

● 김달진문학관 → ● 김달진 생가 → ● 김씨박물관 → ● 김씨공작소 →

● 소사주막 → ● 데이비스의 길 → ● 연인의 길 → ● 웅동수원지 → ●

박배덕갤러리마당

현재 우리가 보는 진해는 1905년 일제가 군항을 건설하면서 시작된다. 많은 인원이 거주하려면 필요한 게 한두 가지가 아니었다. 무엇보다 물과 에너지는 필수. 일본군 사령부는 진해군항에 물을 댈 곳을 물색했다. 구천계곡 하류에 있던 웅동 소사마을이 낙점된다. 1908년 3월 진해군항에 사용할 물을 댈 수원지 공사가 시작되어 1912년 3월에 완료된다. 1914년 소사 수원지(현 웅동수원지)가 이 세상에 태어난다.

수원지 내 7개 마을 주민들은 인근 마을로 강제로 옮겨진다. 현재 소사마을의 시작이다. 인근엔 면사무소도 설치된다. 자연스레 상권이 만들어진다. 가까운 곳에 화력발전소까지 세운다. 여기서 만들어진 전기가 진해군항에 공급된다. 궤도차를 이용해 석탄을 웅동수원지 펌프실까지 운반한다.

아무런 정보가 없는 상태에서 맞닥뜨린 소사마을은 한가한 농촌마을에 불과했다. 하지만 역사를 알고 나면 이야기가 달라진다. 역사문화콘텐츠디자이너 김현철 씨가 이 지역에 여러 문화전시관을 만든 이유다. 생각보다 소사마을엔 볼 것이 많다. 또 다른 진해, 1960~70년대 또는 그 이전으로 떠나는 역사 여행을 할 수 있는 곳이 바로 소사마을이다.

시작은 김달진문학관. 한국문학관협회가 선정한 2016년 '올해의 최우수 문학관'이다. 김달진은 당대를 대표하는 불교 학자이자 시인이었다. 서정주, 김동리 등과 함께 시인부락 활동을 했고, 우리나라 최초로 팔만대장경 한글번역 사업을 했다. 인근에 있는 김달진 시인 생가는 지금은 보기 힘든 옛 초가다. 마당, 우물, 부엌, 안방, 마루, 외양간채, 사립문, 농기구 등 옛사람들이 살았던 모습을 상상하기에 좋다.

생가 담 건너편으로 '부산라듸오'라는 간판이 보일 것이다. 김현철 씨가 만든 추억과 역사 여행의 출발점이다. 이름 하여 김씨박물관이다. 크진 않지만 꽤 많은 옛 생활물건들이 실내에 빽빽하다. 누군가는 추억담을 술술 쏟아낼 것이고, 누군가는 드라마나 영화 이야기를 할 것이다. 인근 김씨공작소에선 옛날 과자나 물건 등을 판다.

여기서 좁은 길을 따라 쭉 걷다 보면 스토리텔링박물관 소사주막이 나타난다. 마산과 진해 양 지역에서 오랫동안 살아온 김현철 씨 집안의 숨은 이야기가 걸어 나오는 공간이다. 사진과 각종 유물이 잘 정리되어 있고 간단한 먹거리도 판다. 단, 주말에만 운영한다. 소사주막엔 또 다른 이야기가 숨어 있는데 바로 조선 말 호주 최초 선교사인 데이비스 목사가 1890년에 이곳에 묵었다. 그가 당시 걸었던 길엔 데이비스의 길이란 이름이 붙어 있다.

김달진문학관과 생가, 김씨박물관, 김씨공작소, 소사주막까지 둘러봤다면 벌써 시간이 꽤 흘렀다. 하지만 소사마을 여행은 여기서 끝이 아니다. 다시 김달진문학관 쪽으로 내려가서 웅동수원지 방향으로 한 번 더 발걸음을 옮길 것. 일본군을 위해 만들어진 웅동수원지는 지금도 해군 수원지로 군사시설 보호구역이다. 수원지는 못 보지만 흘러내려오는 물은 예외다. 장마철엔 7계단 폭포수가 만들어지는데 제법 볼 만하다는 평가다. 마을에서 수원지까지 이어지는 길이 오붓해 연인의 길이라는 별명이 붙었다. 조선시대 웅천현에서 김해부를 잇는 주요 간선로였다.

수원지 인근의 또 다른 볼거리는 박배덕갤러리마당이다. 마을에서 대략 700미터 거리다. 갤러리 주인인 박배덕 씨는 진해예술총회장 출신으로 현재도 작가로 활동 중이다. 입구는 작고 소박하지만 실내는 딴 세상이다. 생각보다 내부가 크고 작품 수가 꽤 많다. 느긋하게 발걸음을 옮기다 시간에 쫓기어 결국 걸음이 빨라질 가능성이 크다. 느긋하게 볼 생각을 갖고 미리 여유롭게 시간을 빼는 게 좋다.

　과거 석탄을 실어 나르던 궤도차의 흔적도 마을에 아직 남아 있다. 궤도차가 지나다닌 굴다리가 있지만 지역을 잘 아는 분의 안내가 없으면 찾기가 쉽지 않다. 예기치 못한 재미, 뜻밖의 즐거움, 소소한 것에서 찾는 기쁨, 이런 것을 기대한다면 선택은 소사마을이다.

인문 여행 #5

창원의 어제와 오늘

상남동+용지동

● 외동지석묘 → ● 상남지석묘 → ● 상남시장 → ● 창원광장 → ● 최윤

덕 장상 동상 → ● 용지호수공원 → ● 용지어울림동산 → ● 경남도민의

집 → ● 창원 가로수길 → ● 성산패총유물전시관

　창원은 1970년대 만들어진 계획도시다. 신도시란 느낌이
강하다. 넓은 도로와 잘 만들어진 공원, 질서정연한 주택이 창
원을 상징하는 이미지다. 흔히들 아무 것도 없던 곳에 갑자기
집과 길, 공장이 들어섰다고 생각하곤 한다. 그런 이들이 창원
중심가 상남동과 인근 용지동을 거닌다면 이 도시 역시 꽤 만
만치 않은 역사를 지녔다는 사실을 알게 될 것이다.

　창원 상남동은 '경남 최고 번화가'라는 별칭답게 화려하다.
높은 건물이 둘러싼 곳에 각종 가게들이 즐비하다. 한밤이 되
면 더 화려해지는 동네 풍경에 외지인들은 넋을 잃는다. 이 동
네 한가운데에 고인돌이 있다. 바로 상남지석묘다. 1999년 재개
발을 진행하던 상남장터에서 지석묘와 유물이 나타났다. 형태
를 잘 갖춘 묘는 청동기시대 것으로 밝혀졌다. 발굴을 추진한

측은 이 지역을 장악한 유력계층의 중심묘역으로 추정된다고 밝혔다. 몇 천 년 전부터 이 지역에 꽤 큰 세력이 살았다고 이 지석묘는 말해준다. 걸어서 몇 분 거리에 있는 **외동지석묘** 또한 청동기시대 유물이다. 1929년 웅남소학교 신축과 1952년 남중학교 교지 확장 때 지석묘 여러 기가 파괴되었다. 몇 천 년 전부터 창원 중심가엔 꽤 많은 사람이 살았던 것이다.

시내 한가운데 있는 **상남시장**은 창원이 공업도시일 뿐만 아니라 농업도시임을 잘 보여준다. 상설시장 곁에서 매월 4, 9일에 오일장이 열린다. 과거엔 창원, 마산, 진해, 김해에서 사람들이 몰려들어 소와 농기구, 한약재 등을 거래했다. 그 시절 창원은 유명한 농업도시였다. 2003년 오일장이 폐쇄될 때 역사가 무려 80여 년. 공식 오일장은 사라졌지만 지금도 4, 9일이 되면 노점상들이 장을 열어 흙냄새를 풍긴다.

이제 상남동과 붙어 있는 **창원광장**으로 이동한다. 동양 최대 원형 광장으로 창원의 랜드마크다. 둘레가 664미터, 지름이 211미터다. 광장 한 바퀴를 돌기가 벅차다. 창원광장 가까이에 있는 '**정렬공 최윤덕 장상 동상**'을 보고 용지동으로 이동한다. 장상은 장군과 재상을 합친 말로 문무의 끝에 이른 그의 지위를 보여준다.

용지동은 자연과 인간이 조화를 이루었다. **용지못**(용지호수공원)은 창원에서 가장 인기 있는 나들이 장소 중 하나. 평일 밤이나 주말이면 사람들이 가득하다. 이원수 노래비, 음악분수,

창원시립도서관, 경상남도통일관 등 공원 내 둘러볼 곳이 꽤 많다.

용지못 북쪽은 **용지어울림동산**이다. 작은 식물원과 자연 학습장이 있어 가족나들이 장소로 좋다. 경남 역사를 알고 싶으면 바로 옆 **경남도민의집**을 방문하면 된다. 1984년 4월부터 2003년 11월까지 경상남도 도지사 공관이었던 곳이다. 경상남도 변천사가 궁금한 이에게 정보를 제공한다. 옛 경남도지사 집무실이 잘 보존되어 있으니 놓치지 말 것. 경남도민의집 정문을 나서면 시원하게 뻗은 나무가 눈길을 끈다. 바로 창원을 대표하는 수종, 메타세쿼이아다. 나무 양쪽으로 카페들이 많은데 젊은층 사이에서 아주 인기라는 **창원 가로수길**이다.

고인돌과 고층 건물, 오일장과 번화가, 메타세쿼이아와 카페거리가 공존하는 곳이 바로 창원이다. 창원에 대해 혹시 차가운 공업도시, 역사가 짧은 계획도시라는 생각만 갖고 있었다면 상남동과 용지동을 찬찬히 둘러보기 바란다. 마지막에 자동차를 타고 7~10분 거리에 있는 **성산패총유물전시관**에 가면 오래전 철을 생산했던 야철지가 기다린다. 누군가는 이 야철지가 발견되자 '공업도시 창원'이 이미 예부터 예정된 운명이었다고 받아들였다. 성산패총은 외동지석묘에서 1.7킬로미터, 경남도민의집에서 4.7킬로미터쯤 된다.

인문 여행 #6

자연과 농업, 창원의 속살을 만나다

창원 생태로드

● 동읍 주남저수지 → ● 단감테마공원 → ● 다호리고분군마을 → ● 덕
천리유적 → ● 마금산온천

공업도시이자 계획도시로 유명한 창원. 그 외에 다른 풍경
이 있을까? 있다. 동읍으로 떠나면 풀과 나무, 야생동물이 어우
러진 새로운 풍경이 나타난다. 동읍의 대표 명소는 주남저수지.
'새들의 낙원'이라 불리는 곳이다. 철새의 낙원을 지나 이제 사
람과 새가 공존하는 새로운 생태관광지로 주목받고 있다.

주남저수지는 오래 전부터 인근 농경지에 물을 대던 자
연 늪이다. 여기서 나온 물로 풍부하고 다양한 농산물이 자랐
다. 용산(주남)저수지, 산남저수지, 동판저수지 세 곳이 붙어 있
는데 이 모두를 통틀어 흔히 주남저수지라 부른다. 총 면적이
8.98제곱킬로미터로 상당히 넓다.

주말이나 휴일이면 주남저수지로 산책을 나오는 이들이 꽤
많다. 탐방 코스가 여러 개인데 체력과 여유시간에 맞춰 선택

308

하는 게 좋다. 람사르문화관/생태학습관을 비롯해 연꽃단지, 철새촬영지, 주남돌다리, 낙조대 등을 적절히 엮어 여러 개 코스를 만들어놓았다. 가장 짧은 생태탐방 1코스(0.8km)에서부터 가장 긴 자전거 마라톤 코스(6.4km)까지 다양하다.

주남저수지는 좋은 생태학습장이기도 하다. 람사르문화관(습지문화실, 습지체험실, 에코전망대)과 인근 생태학습관(습지학습실, 주남탐험실)에선 습지생태에 관한 유익한 정보를 얻을 수 있다. 인근 연꽃단지와 무논조성지는 사람과 철새의 공존에 대해 생각하게 한다. 연꽃단지는 풍경이 예뻐 사진 찍는 이들에게 인기가 높은데, 저수지 내 연꽃이 세력을 급속히 키우면서 새들의 서식지를 위협한다는 의견이 제기되어 겨울이면 무논을 조성한다. 주남저수지를 두고 주변 개발과 보존의 목소리는 오랫동안 팽팽히 맞섰다. 철새를 위해 만든 논인 무논조성지는 서로가 한 발짝씩 물러선 작은 완충 구역이다.

주남저수지 탐방 둘레길은 문화체육관광부와 한국관광공사가 선정한 2018년 10월의 추천길에 뽑혔다. 더불어 주남저수지는 하동 '탄소 없는 마을'과 함께 2018년 8월 경상남도가 선정한 경남 대표 생태관광지로 선정되었다. 꽃길로 유명한 주남새드리길과 길 입구의 낙조대 또한 사람들이 많이 찾는다. 주남돌다리는 문화재자료 제225호로 800여 년 전 이웃한 두 마을 주민들이 인근 산에서 4미터가 넘는 돌을 옮겨와 다리를 만들었다는 전설이 깃든 명소다.

   동읍엔 주남저수지만 있는 게 아니다. 인근 <u>다호리고분군마</u>
<u>을</u>은 농촌체험형 휴양마을이다. 1988년 기원전 1~3세기 것으
로 추정되는 70여 기의 토광목곽묘와 옹관묘가 이곳에서 발견
되었다. 더불어 옻칠붓, 부채, 칠기 유물 등 옻 관련 유물들이
쏟아졌다. 그 해 9월 다호리 일대가 사적지로 지정되었고, 지금
도 땅에서 유물이 나온다는 이 마을은 2009년 '살고 싶고 가보
고 싶은 농촌마을 100선'에 뽑혔다.

   다호리고분이 철기시대 유적이라면 인근 <u>덕천리유적</u>은 청
동기시대 유적이다. 여기선 남북 56.2미터, 동서 17.5미터 규모
의 지석묘가 발견되었는데 현재까지 발견된 청동기시대 구획
묘 중 가장 크다는 평가를 받는다. 구획묘란 무덤 주변을 따라
석축 단을 쌓아올려 무덤 구획을 만든 고분을 뜻한다.

   가족나들이객에게 좋은 동읍의 또 다른 명소는 <u>단감테마공</u>
<u>원</u>이다. 전국에서 가장 많은 단감을 생산하는 창원이 2016년
야심차게 문을 열었다. 1910년대 후반에 심은 단감나무를 비롯
해 생태연못, 추억의 빨래터, 감식초체험장, 그네, 단감과수원
등 놀거리, 볼거리가 다채롭다.

   동읍의 볼거리는 한 곳 한 곳이 모두 규모가 커 넉넉한 시
간이 필요하다. 주남저수지 한 곳만으로도 벌써 기진맥진할 가
능성이 높다. 그렇다면 인근 <u>마금산온천</u>(약 16킬로미터, 자동차로
30분)에서 지친 몸을 충전하는 것도 좋은 방법이다.

인문 여행 #7

마산 · 창원 · 진해의 명소를 한번에

창원시티투어 버스

● 창원중앙역 → ● 용지호수공원 → ● 창원의집 → ● 시티세븐(창원컨벤션센터) → ● 마산상상길(창동예술촌) → ● 마산어시장 → ● 경남대 → ● 마창대교 → ● 제황산공원 → ● 속천항 → ● 진해루

걷는 게 부담스럽다. 운전하는 것도 싫다. 대표 명소를 짧은 시간에 보고 싶다. 무엇보다 마산과 진해, 창원을 한꺼번에 보고 싶다. 그렇다면 정답은 창원시티투어 버스다.

버스는 빨간색 2층이고 2층은 개방된 형태다. 하루 5회(오전 9시 15분/10시 15분/오후 12시 5분/1시/2시 55분) 운행한다. 2층 외부, 내부, 1층 앞쪽 모니터에서 경로를 안내한다. 요금을 내면 손목에 두르는 밴드를 준다. 이 밴드를 절대 풀지 말 것. 승차권을 한 번 사면 하루 동안 무제한 탑승이 가능하다.

출발지는 창원스포츠파크 만남의광장(노블파크 아파트 맞은편). 여기서부터 창원중앙역, 용지호수공원, 창원의집, 시티세븐(창원컨벤션센터)까지 옛 창원시 영역을 지난다. 여기서 신경 써야 할 점은 창원역이 아니라 창원중앙역이란 사실이다. 창원역

과 창원중앙역 모두 KTX가 서기 때문에 헷갈리기 쉽다.

시티세븐 이후부터는 옛 마산시 영역이다. 마산상상길, 마산어시장, 경남대에서 차가 멈춘다. 이후부터는 옛 진해시로 넘어간다. 마창대교를 통해 바다를 건넌다. 제황산공원, 속천항, 진해루까지 간 다음 다시 창원중앙역을 지나 만남의공원으로 돌아온다. 일반(대학생) 5000원, 청소년(19세 이하), 군인, 국가유공자, 장애인, 경로우대, 기초생활수급자 3000원, 48개월 미만 유아는 무료. 신용카드 가능.

찾아보기

키워드로 읽는 마산 · 진해 · 창원

ABC

NC다이노스 *134*

123

3 · 15 의거 *118, 164*

3 · 15 의거 발원지 *77, 119, 295*

3 · 15 기념관 *121*

3 · 15 민주묘지 *125*

3 · 15 아트센터 *125*

3 · 15 의거길 *125*

3 · 15 의거탑 *43, 122, 291*

3 · 15 회관 *118*

365계단 *298*

4 · 19 혁명 *118, 124*

4군6진 *246, 249*

6호광장 *199*

ㄱ

가고파꼬부랑길 벽화마을 *43, 69, 291*

가덕대구 *225*

가야백화점 *81*

가포 *58, 110*

가포유원지 *46*

가포해수욕장 *45*

강은철 *170*

강호동 *134*

개원통보 *244*

거가대교 *213, 228*

건아귀점 *151*

결핵문학 *59*

경남FC *134*

경남대학교 *116, 164*

경남도민의집 *306*

고노에가하마해수욕장 *49*

고려당 *75, 80, 294*

고운대 *101*

고운로 *22, 101*

고향의 봄 *164, 253*

고향의봄도서관 256
고현리 공룡발자국 화석지 26
곰절 267
광암해수욕장 26, 45, 50
구산초등학교서분교 26
구상 59
국립마산결핵병원 60
국립마산병원 56
국화주 73
군함전시관 215
군항마을역사관 296
군항제 183, 202, 297
기찻길시장 290
김구 선생 친필 시비 297
김남조 59, 167
김달진 생가 221, 222, 301
김달진문학관 218, 301
김달진문학상 221
김달진문학제 221
김수로왕 171, 266
김씨박물관 222, 301
김영삼 127
김지하 59, 167
김춘수 43, 161, 210, 221, 292, 297

ㄴ

나도향 59, 167
나비섬 216

남부내수면연구소 184
남성동 76
남성동파출소 74, 164
남원로터리 210, 297

ㄷ

다호리고분군마을 309
대마도정벌 246
댓거리 100
덕천리유적 309
데이비스의 길 302
동성동 76
동성백화점 82
동진대교 26
동판저수지 270, 307
돝섬 51, 68, 101
돝섬해상유원지 68
두곡선원 101
두척마을 19
두척산 19

ㄹ

람사르문화관 308
람사르총회 272, 277
로얄백화점 82, 84

□

마금산온천 *259, 309*

마산가고파국화축제 *54, 64*

마산고 *23, 133, 135*

마산국화 *61*

마산산호공원 *163, 254*

마산상고 *124, 133*

마산수출자유지역 *29*

마산아귀찜 *150*

마산 앞바다 *32, 45, 68, 120, 142*

마산어시장 *35, 43, 68, 292*

마산여객선터미널 *291*

마산용마공원 *167*

마산이사청 *109*

마산임항선 *40*

마산중앙고 *23, 133, 135*

마산청주 *115*

마산통술 *73, 155, 295*

마산포 *109*

마산포장 *39*

마산항 *41, 291*

마산항제1부두선 *41, 290*

마산헌병분견대 *109*

마재고개 *19*

마진터널 *183*

마창대교 *89, 311*

마크사 거리 *205, 211*

만날고개 *18*

만날재 *18*

메타세쿼이아 *283, 306*

명도석 *163*

목조석가여래삼불좌상 *267*

몽고간장 *73, 291*

몽고정 *43, 73, 291*

무학로 *23*

무학산 *16, 22, 101*

무학소주 *116*

문신 *165, 294*

문신미술관 *71*

미더덕 *26, 73, 140, 150*

미더덕로 *26*

미더덕축제 *144*

ㅂ

박배덕갤러리마당 *221, 302*

박정희 *31, 45, 77, 120, 126, 191,
244, 298*

반동초등학교 *25*

반야월 *59, 292*

반야월 노래비 *43, 292*

백광양조 *116*

벚꽃 *10, 183, 189, 202, 298*

복국 *146*

복어 *145*

부림동 *76, 293*

부림시장 *76, 295*

부림창작공예촌 *295*

부마항쟁 77, 121, 126
부산진해경제자유구역 228
북마산시장 44, 290
북마산역 44, 69, 291
북원로터리 186, 201, 209, 296
분수로터리 199
불모산 265
불종거리 77, 295

ㅅ

산남저수지 270, 307
산복도로 21
산업사박물관 245
삼광청주 107, 112
삼귀동해수욕장 45
삼포로 가는 길 170
삼포로가는길 노래비 174
삼포마을 174
삼포왜란 179
상남동 304
상남시장 305
상남지석묘 304
새마진터널 183
새수양회관 204, 209, 297
서원곡유원지 18
선일탁주 109
선학곰탕 204, 210, 298
성산부락 243

성산패총 241, 306
성산패총유물전시관 306
성안백화점 81
성읍골 18
성주사 208, 264
성주사역 264
세스페데스기념공원 180
소답동 253
소사마을 218, 300
소사주막 222, 301
소죽도공원 174
속천항 310
손원일 185
손정도 185
수출자유지역 28
스포츠 130
시루바위 195
시루봉 195
시미즈양조장 117
시의거리 43, 167, 292
시티세븐 310
신동공사터 109
신마산 58, 106, 156
신마산 통술골목 156
쌍쌍길 294
씨름 130

316

ㅇ

아구데이 154

아귀젬거리 151

안골왜성 173

안골포 173

안민고개 193

야철제 245

야철제례 245

야철지 241, 306

어수각 266

에너지환경과학공원 174

여좌천 188

여진족토벌 247

연인의 길 302

영길만 176

영중추원사 250

영해루 210, 297

오동동 76, 151, 162

오동동 소리길 295

오동동 통술골목 156

오동동 문화의거리 295

오동동타령 155

오동추야문화축제 160

오만둥이 143

오성사 78

오수전 243

용마산 19

외동지석묘 305

용산저수지 270, 307

용원동 173

용원어시장 225

용원항 227

용지동 286, 304

용지못 305

용지어울림동산 306

용지호수공원 305

용호동 78, 287

용호동 카페거리 287

우도 216

웅동수원지 300

웅신사 267

웅천 177, 223, 245, 302

웅천도요지 181

웅천왜성 174, 179, 185

웅천읍성 179

웅천해전 186

원이대로 239

원해루 210, 297

월영대 100

월영동 100, 109

월영서원 101

월영초등학교 100

월포동 43

월포초등학교 110

월포해수욕장 43, 48, 292

유주비각 171

음지도 214

이만기 130

이성계 *196*

이성훈 *116*

이순신 *179, 185*

이순신 장군 동상 *186, 201, 297*

이승만 *77, 120, 192*

이원수 *161, 253*

이원수 노래비 *254, 305*

이원수문학관 *256*

이젠백 *116*

일선주조 *117*

일신당 *80, 294*

임항선 그린웨이 *43, 69, 290*

임항선 시의거리 *43, 292*

임항선 철길공원 *43*

임화 *59, 167*

ㅈ

자유무역지역 *34*

자전거특별시 *274*

장군동 *94*

장군동시장 *94*

장군천 *96*

장복터널 *183*

장어구이거리 *73, 295*

장옥거리 *210, 297*

장장군 묘 *94*

저도연육교 *25, 72*

적산가옥 *107*

제덕제1호어린이공원 *174*

제황산공원 *298*

조두남 *164*

조창 *78*

종합기계공업단지 *242*

주기철 *181*

주기철 목사 기념관 *182*

주남저수지 *206, 269, 307*

주원장 *196*

중앙동문화역사작은박물관 *110, 113*

중원로터리 *209, 212, 296*

지바무라해수욕장 *49*

지바촌 *110*

지장보살상 복장물 전적류 *268*

지하련 *59*

진달래군락지 *66, 195*

진동리유적 *88, 92*

진해루 *176, 311*

진해만 *225, 230*

진해역 *210, 297*

진해우체국 *209, 297*

진해제포성지 *174, 179*

진해중앙시장 *298*

ㅊ

창동 *74, 80, 166, 293*

창동복희집 *78, 294*

창동상상길 294, 311

창동예술촌 295, 310

창원 가로수길 283

창원광장 238, 246, 305

창원단감 279

창원단감축제 280

창원단감테마공원 281, 309

창원대로 275

창원솔라타워 65, 214

창원시티투어 310

창원의집 310

창원중앙역 310

창원컨벤션센터 310

창원해양공원 65, 213

천상병 161, 221

천자봉 194

천주산 66

천하장사 131, 132

천향여심 73

철기문화박람회 245

초가집 151

최윤덕 246

최윤덕 장상 동상 246, 251

최치원 19, 52, 100

최치원의 길 104

칠성주조장 109

ㅋ

코아양과 75, 295

콰이강의 다리 25, 72

ㅌ

태풍 매미 희생자 위령비 43, 292

통술골목 117, 156, 295

ㅍ

피꼬막 230

피조개 231

ㅎ

학문당 75, 294

한독맥주 116

한성백화점 82

한일합섬 28, 82, 293

합포 96

합포만 54

합포별서 101

해군기지 184

해병대 194

해안도로 24, 170

해전사체험관 215

허왕후 171, 256

현재호 165, 166

환경수도 276

황금당 78

황금돼지 51, 101

황포돛대 노래비 176

흑백다방 210, 297

회다방 78

흰돌메공원 174

여행자를 위한
도시 인문학

통합
창원시

초판 1쇄 발행 2018년 11월 30일
 2쇄 발행 2021년 6월 10일

지은이 김대홍
펴낸이 박희선

디자인 디자인 잔
사진 김대홍, 창원시, Shutterstock
발행처 도서출판 가지
등록번호 제25100-2013-000094호
주소 서울 서대문구 거북골로 154, 103-1001
전화 070-8959-1513
팩스 070-4332-1513
전자우편 kindsbook@naver.com
블로그 www.kindsbook.blog.me
페이스북 www.facebook.com/kindsbook

김대홍 ⓒ 2018

ISBN 979-11-86440-38-4 (04980)
 979-11-86440-17-9 (세트)

* 이 도서의 국립중앙도서관 출판예정도서목록(CIP)은 서지정보유통지원시스템 홈페이지(http://
seoji.nl.go.kr)와 국가자료공동목록시스템(http://www.nl.go.kr/kolisnet)에서 이용하실 수 있습
니다.(CIP제어번호: CIP2018036002)